SUR

LA FÉCONDATION

DANS LES CAS DE

POLYEMBRYONIE

AVIS AUX AUTEURS

La Société d'Éditions Scientifiques, établie sur les bases de la MUTUALITÉ, a pour principe de partager par moitié, entre les Auteurs et elle, *tout bénéfice* résultant de la vente des ouvrages.

Plus de 200 livres ont été édités en 1891 par ce système d'association avec les auteurs, entre autres :

BINGER (le capitaine). — **Esclavage, islamisme, christianisme en Afrique.**

BLANCHARD, R. (le D^r). — **Histoire zoologique et médicale des Téniadés** (genre hymenolepis).

BOULANGIER, Edgar, ingénieur. — **Voyage en Sibérie.** (Cent gravures sur bois.)

BOULOUMIÉ (le D^r). — **Manuel du Candidat au grade de médecin de réserve.**

BROCQ (le D^r), médecin des hôpitaux. — **Leçons de l'hôpital Saint-Louis.**

BUGUET, agrégé des sciences physiques et naturelles. — Plusieurs livres de **Photographie.**

CHARCOT (le professeur). — **Sciences biologiques.**

FLEURY (Maurice de). — **Nos grands médecins d'aujourd'hui.**

GUYOT, Yves, ministre des travaux publics. — **Budget. Suppression des octrois.**

HARMAND, Jules, ministre plénipotentiaire. — **L'Inde.**

KLARY, C. — Plusieurs ouvrages de **Photographie.**

LABORDE, membre de l'Académie de médecine. — Plusieurs ouvrages de **Physiologie.**

LEGROS (le commandant). — Plusieurs ouvrages de **Photographie.**

LETULLE, médecin des hôpitaux, professeur agrégé. — **Guide pratique des Sciences médicales.**

MONIN (le Dr E.). — **Formulaire de médecine pratique.**

PAULIER (le D^r). — **Manuel de l'externat.**

QUINQUAUD, professeur agrégé à l'École de médecine. — **Thérapeutique clinique et expérimentale.**

REGAMEY, Félix. — **Panorama de Port-Blanc et profils coloniaux.**

SABATIER, Camille, député de l'Algérie. — **Touat, Sahara, Soudan.**

TROUSSEAU (le D^r). — **Ophtalmologie.**

SUR

LA FÉCONDATION

DANS LES CAS DE

POLYEMBRYONIE

REPRODUCTION CHEZ LE DOMPTE-VENIN

(VINCETOXICUM)

PAR

L. Gustave CHAUVEAUD

AGRÉGÉ DE L'UNIVERSITÉ
DOCTEUR ÈS SCIENCES
PRÉPARATEUR DE L'ÉCOLE DES HAUTES ÉTUDES AU MUSÉUM
DOCTEUR EN MÉDECINE

PARIS

SOCIÉTÉ D'ÉDITIONS SCIENTIFIQUES

PLACE DE L'ÉCOLE-DE-MÉDECINE

4, RUE ANTOINE-DUBOIS, 4

1892

REPRODUCTION CHEZ LES DOMPTE-VENIN

INTRODUCTION

Ayant eu, il y a quelques années, l'occasion d'étudier l'embryon des Asclépiadées au point de vue de l'origine de l'appareil laticifère, je constatai dans la graine du Dompte-venin certaines particularités sur lesquelles je me promis de revenir. Je fus surtout frappé de la fréquence avec laquelle la polyembryonie se rencontre dans ces plantes ; aussi conservai-je soigneusement les matériaux que j'avais récoltés en vue d'une étude différente. J'ignorais alors que la polyembryonie avait été déjà signalée dans ce genre. M. Baillon notamment l'indiquait, il y a une dizaine d'années, dans les termes suivants :

« Cette année (1882), la plupart des graines du *Vincetoxicum officinale*, examinées dans le jardin botanique de la Faculté de médecine étaient pourvues d'un albumen peu épais, et d'un double embryon. La graine elle-même considérée extérieurement recevait de ce fait une légère déformation, car elle était inégalement bosselée sur ses deux faces. Quant aux deux embryons, ils pouvaient être égaux, et leurs cotylédons étaient souvent eux-mêmes égaux entre eux. Mais toujours les deux embryons étaient superposés l'un à l'autre et non collatéraux. L'un d'eux se trouvait logé dans l'intervalle des deux cotylédons de l'autre, la radicule du premier touchant presque par son sommet la gemmule du dernier. Aussi les cotylédons de l'un embrassaient-ils complètement ceux de l'autre, à moins qu'un des cotylédons de l'embryon enveloppant ne se fût arrêté à de moindres dimensions que son congénère. Il n'était pas rare non plus de trouver des traces d'un troisième embryon, mais très petit, fort irrégulier et n'ayant généralement qu'un seul cotylédon fort imparfait.

Il serait intéressant de savoir s'il y a, dans les Asclépiadées, une relation entre le nombre des embryons et le mode particulier de fécondation [1]. »

Or, j'avais constaté la pluralité des embryons non seulement dans des graines de *V. officinale* provenant de localités très diverses, mais encore dans des graines appartenant à des espèces différentes, telles que le *V. nigrum* et le *V. medium*. J'avais trouvé que cette dernière est surtout remarquable tant par la fréquence avec laquelle la polyembryonie se manifeste chez elle, que par le grand nombre des embryons que peut renfermer une même graine, car on en trouve souvent quatre et parfois même cinq plus ou moins bien développés. Utilisant les matériaux que je con-

[1] Bulletin de la Soc. Linn. de Paris, 1882, p. 336.

servais depuis l'époque à laquelle je faisais allusion tout à
l'heure, et mettant à profit des matériaux nouveaux récoltés
les années suivantes, je pus suivre le mode de formation
de ces embryons. Les résultats auxquels ces recherches
m'ont conduit ont un intérêt qui me paraît justifier ample-
ment la prévision formulée par M. Baillon à la fin de la
précédente communication.

Désirant présenter une étude complète de la reproduction du Dompte-venin, j'ai dû chercher à acquérir une
connaissance exacte de la structure de sa fleur. On possède
de bonnes figures indiquant la disposition des organes
floraux, mais ces figures ne donnent pas d'indications en
ce qui concerne les détails que présentent ces divers
organes. Il existe bien une étude spéciale de la fleur
de l'*Asclepias Cornuti*, faite il y a quelques années par
Corry [1]; mais cette fleur diffère de celle du *V. officinale* par
plusieurs points, et il est indispensable pour l'étude de la
pollinisation surtout, de connaître spécialement l'organisation de cette dernière.

La connaissance de la structure intime des tissus n'est
pas moins indispensable que celle de la disposition relative
des organes. Or, comme cette structure varie avec l'âge, on
est conduit à suivre les diverses phases du développement

[1] *On the Mode of Development of the Pollinium in* Asclepias Cornuti (The
Trans. of the Linn. Soc. of London). vol. II, p. 75, 1884, et *On the Structure and
Development of the Gymnostegium, and the Mode of Fertilization in* Asclepias
Cornuti (The Trans.). vol. II, p. 173.

de la fleur au double point de vue de la forme et de la structure anatomique.

Nous allons donc esquisser l'histoire du développement de la fleur du Dompte-venin. Après avoir indiqué l'ordre d'apparition des divers organes et leur disposition relative, nous considérerons chacun d'eux en particulier dans sa forme, dans sa constitution et dans ses rapports avec les organes voisins, ce qui nous donnera une idée complète de la fleur arrivée à son épanouissement. Nous suivrons à part le mode de formation du pollen et celui du sac embryonnaire. Nous discuterons ensuite les diverses théories émises sur la pollinisation, en nous servant surtout des connaissances que nous aurons acquises sur la structure de la fleur ; puis nous étudierons la fécondation, d'abord chez le *V. officinale*, ensuite chez le *V. medium* qui offre un nombre d'embryons plus élevé en même temps qu'une fréquence plus grande de la polyembryonie. De cette étude comparative, nous tirerons quelques considérations générales sur la constitution primitive de l'appareil sexuel des Angiospermes. Enfin nous décrirons les modifications principales qui accompagnent la transformation de l'œuf en embryon, et celles qui parallèlement suivent la transformation de l'ovaire en fruit.

Nous aurons ainsi assisté à la dissémination de la graine, après avoir vu se former l'œuf par fusion d'éléments sexuels, que nous aurons suivis eux-mêmes depuis leur origine.

DÉVELOPPEMENT DE LA FLEUR

La fleur au premier stade de son développement se montre sous la forme d'un petit renflement faisant légèrement saillie à l'extrémité d'un pédoncule excessivement court. Si l'on fait une coupe passant par l'axe de ce pédoncule, on voit qu'il a donné naissance latéralement à de petites expansions (*s*, fig. 1) qui se sont développées de façon à venir se toucher par leur extrémité supérieure en coiffant le mamelon central (*m*) sur les flancs duquel elles viennent de naître. Ces appendices sont les sépales. Ils sont au nombre de cinq, ainsi que le montrent les coupes transversales; leur apparition se fait simultanément au même niveau.

Fig. 11. — Coupe longitudinale de la fleur au début de sa formation: *s*, sépale ; *m*, mamelon central.

Bientôt sur les flancs du mamelon central, on voit à l'intérieur des sépales se former des éminences qui, d'abord arrondies, s'allongent de plus en plus pour devenir à leur tour de petites expansions foliacées (*p*, fig. 2) comparables aux sépales. Une coupe transversale indique que ces pièces sont aussi au nombre de cinq, elles représentent les pétales,

---

¹ Ces coupes longitudinales sont menées un peu en dehors de l'axe afin de rencontrer de part et d'autre les diverses parties de la fleur.

et sont disposées en alternance avec les sépales, et nées
simultanément sur un même cercle.

A l'intérieur de ces pétales, on voit naître peu après de
nouvelles éminences (*e*, fig. 2) qui s'élè-
vent sur les flancs du mamelon central
comme les précédentes, et en grandissant peu à peu courbent leur extrémité
supérieure vers le centre de l'axe, de
façon à former une sorte de calotte
épaisse renforçant à l'intérieur les deux
enveloppes déjà formées par les sépales

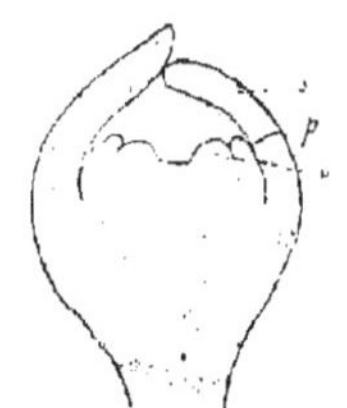

Fig. 2. — Coupe longitudinale, deuxième phase; *s*,
sépale; *p*, pétale; *e*, étamine.

et par les pétales. Ces appendices également au nombre de
cinq sont les étamines; ils sont plus épais et moins longs
que les précédents (*a*, fig. 3).

Pendant que les étamines se développent ainsi, le mamelon central, au lieu de demeurer convexe
comme auparavant, devient concave à son extrémité, il exagère
cette concavité, et bientôt paraît
s'être bifurqué. Cette apparence
tient à ce que les saillies (*c*, fig. 3)
qui naissent sur ses flancs sont

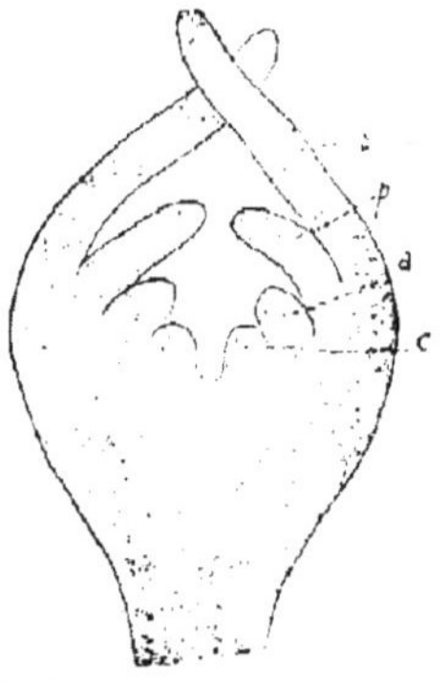

Fig. 3. — Coupe longitudinale, troisième phase; *s*, sépale; *p*, pétale;
a, étamine; *c*, carpelle.

reportées vers son sommet, et semblent continuer directement vers le haut le mamelon central. Ces saillies au nombre
de deux seulement sont placées l'une derrière l'autre par

rapport au rameau qui porte le pédoncule floral considéré. Elles sont épaisses, arrondies et plus courtes que toutes les autres ; elles représentent le pistil.

Nous avons donc ainsi de très bonne heure quatre verticilles distincts. Les pièces constituant ces différents verticilles s'accroissent toutes à la fois, les carpelles se courbant à leur extrémité supérieure vers le centre de l'axe arrivent bientôt au contact l'un de l'autre (c, fig. 4), et, pressés par les

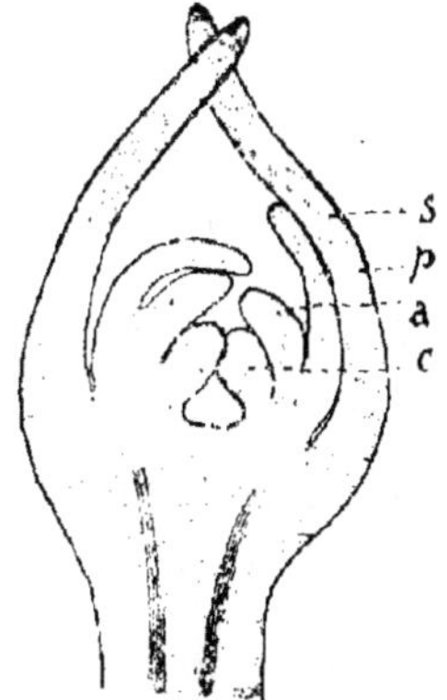

Fig. 4. — Coupe longitudinale, quatrième phase ; s, sepale; p, pétale : a, anthère; c, carpelle.

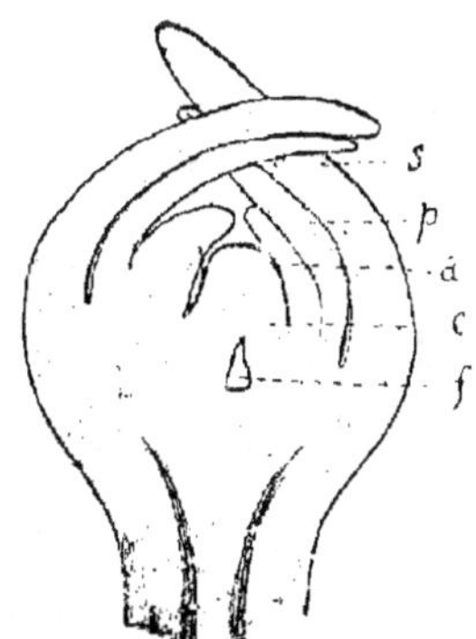

Fig. 5. — Coupe longitudinale, cinquième phase ; s, sépale ; p, pétale ; a, anthère ; c, carpelle ; f, espace entre les carpelles.

verticilles externes, surtout par l'androcée, ils ne tardent pas à se souder par les extrémités en contact. Cette soudure se fait si intimement, que bientôt toute trace de l'accolement primitif a disparu, et les deux portions soudées forment une masse (c, fig. 5) supportée par deux colonnes très courtes séparées l'une de l'autre par un espace plus ou moins allongé (f).

Quand la soudure des carpelles est effectuée, les sépales ont atteint une longueur déjà très grande (s), et forment en se rapprochant les uns des autres vers leur sommet une enveloppe qui cache presque entièrement la corolle. Ces sépales ont dès lors la forme qu'ils présentent dans la fleur adulte, et sont séparés l'un de l'autre, sauf sur une très courte portion de leur région basilaire où ils adhèrent entre eux latéralement, de telle façon qu'il est possible, en faisant une coupe transversale à ce niveau, d'obtenir le calice sous forme d'un anneau continu.

En dedans de ce calice les pétales s'unissent entre eux à la base par leurs bords, et, continuant leur croissance, forment une sorte de cupule surmontée par leurs pointes ; celles-ci demeurent libres et se recourbent vers l'intérieur de façon à oblitérer à peu près complètement l'ouverture de la corolle ainsi constituée.

Les étamines sont encore séparées l'une de l'autre, mais elles adhèrent par leur face externe avec la corolle sur une grande partie de leur longueur, et, à cause de la croissance commune qui a frappé la région basilaire des appendices voisins, elles paraissent insérées plus ou moins haut sur la corolle. On peut déjà distinguer dans chaque étamine une portion basilaire courte représentant le filet (fig. 6), une portion supérieure un peu épaissie, l'anthère, surmontée elle-même par un petit prolongement aminci et recourbé vers l'intérieur de la fleur.

Les filets s'élargissant à leur base, deviennent concrescents comme les pétales, et forment un second tube à l'intérieur de la corolle. Si pendant les diverses phases précédentes on fait des coupes transversales, on observe que sur ces coupes les anthères demeurent plus ou moins adhérentes à la corolle, mais un peu plus tard cette adhérence cesse d'exister, et sur les coupes transversales les anthères se montrent isolément. Toutefois cet état dure peu. En effet, à peine ont-elles rompu toute adhérence avec la face interne de la corolle qu'elles en con-

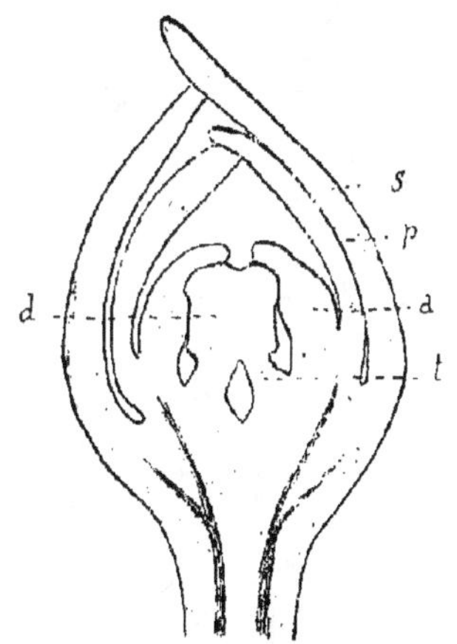

Fig. 6. — Coupe longitudinale, sixième phase : *s*, sépale ; *p*, pétale ; *a*, anthère ; *d*, disque stigmatifère ; *t*, style.

tractent de nouvelles avec le pistil, et même il s'établit peu à peu entre ces deux sortes d'organes de véritables soudures.

Ces soudures doivent être comptées parmi les plus nettes que puissent présenter entre eux les différents organes de la fleur.

La fusion des tissus de l'anthère et du pistil ne s'effectue qu'en certains points, mais l'adhérence de leurs surfaces se fait complètement, et les anthères forment ensemble un cercle à l'intérieur duquel se moule exactement la portion supérieure renflée du pistil. Le cercle constitué par les anthères est discontinu, car celles-ci sont séparées les unes des autres par un petit espace libre. Au contraire, leurs filets élargis à section rectangulaire sont unis entre eux en un tube qui donne sur les coupes transversales un cercle complet (fig. 7). Mais la concrescence des filets ne s'est établie que dans le tiers interne de leur épaisseur, les deux tiers externes demeurant séparés ; il en résulte que le tube staminal ainsi formé présente cinq sillons longitudinaux profonds (*e*) correspondant à l'intervalle des étamines et, par conséquent, aux pétales. Ces sillons sur les coupes transversales se traduisent par des échancrures très régulières, et l'on voit qu'à leur niveau le tube staminal n'offre d'adhérence ni avec la corolle ni avec le pistil qui est devenu très étroit.

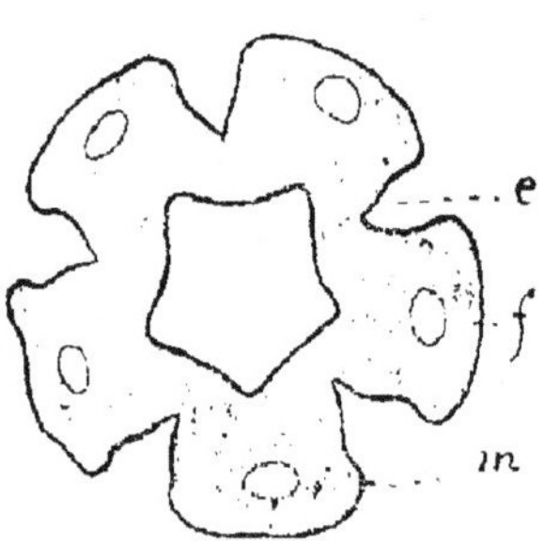

Fig. 7. — Coupe transversale du tube staminal : *f*, filet ; *n*, échancrure comprise entre deux filets voisins ; *m*, saillie latérale qui en s'accentuant à un niveau supérieur va produire l'aile de l'anthère.

C'est quand la fleur est parvenue à ce stade de son développement qu'apparaissent des productions nouvelles qui viennent en compliquer beaucoup la structure. A leur base les filets staminaux donnent naissance sur leur face externe à des saillies (*m*, fig. 9) qui s'élargissent de part et d'autre (G, fig. 10) de façon à venir se rencontrer et se souder entre elles (G) formant un anneau complet. Cet anneau s'allonge vers le haut pour constituer un tube, et il limite vers l'extérieur les échancrures qui tout à l'heure étaient en contact directement avec la corolle.

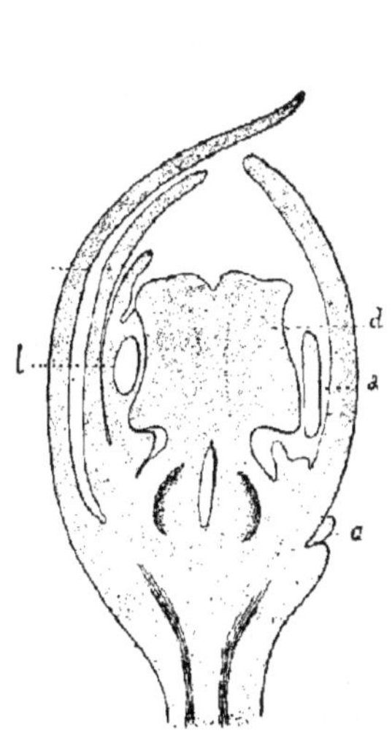

Fig. 8. — Coupe longitudinale, septième phase : *a*, aile de l'anthère ; *l*, loge pollinique ; *d*, disque stigmatifère ; *G*, glande.

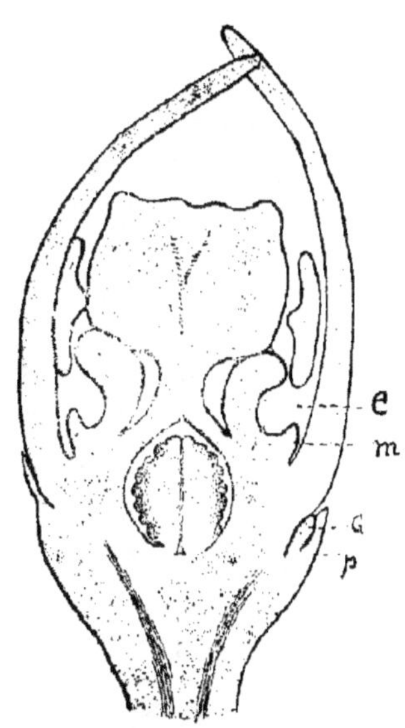

Fig. 9. — Coupe longitudinale montrant l'espace *e*, ménagé entre le manchon *m* et le bord inférieur de l'aile de l'anthère située au dessus ; G. glande ; *p*. sépale. Au centre on voit les deux placentas chargés d'ovules. La coupe a rencontré ces placentas dans leur portion latérale.

En même temps que se forme cette sorte de manchon à la base des étamines, des expansions (*h*, fig. 11) apparaissent prolongeant latéralement la face externe de l'anthère ; mais celles-ci s'approchent l'une de l'autre sans se fusionner en un anneau continu. Entre le bord inférieur de ces ailes et le manchon basilaire il reste un très court espace (*e*, fig. 9) par lequel les échancrures staminales

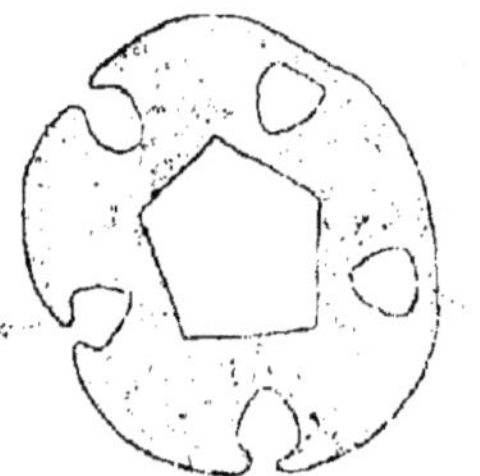

Fig. 10. — Coupe transversale menée par la base du tube staminal. À gauche la coupe passe au-dessus du niveau où s'est effectuée la réunion des expansions dorsales G des filets. À droite de la figure, cette réunion existe G. et forme la base de la couronne.

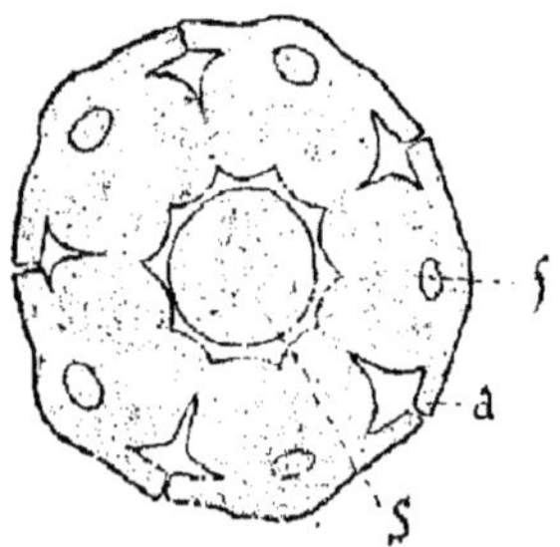

Fig. 11. — Coupe transversale du tube staminal passant par la base des anthères. S, portion stylaire du pistil; f. portion médiane de l'étamine; a, expansion latérale.

communiquent encore directement avec l'espace circons-

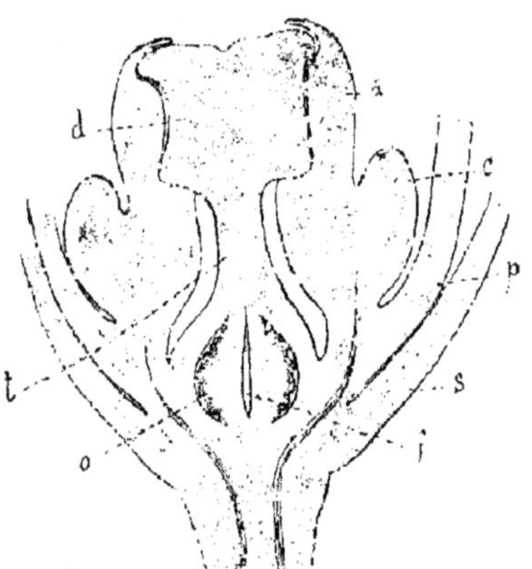

Fig. 12. — Coupe longitudinale, huitième phase; *s*. sépale; *p*, pétale; *a*. anthère; *c*. appendice staminal concourant à la formation de la couronne; *t*. portion stylaire du pistil; *d*, disque stigmatifère; *o*. ovule; *f*. espace entre les deux carpelles.

crit par la corolle, mais cette communication dure peu, car le manchon s'allonge rapidement (fig. 12). En s'allongeant, il agrandit aussi son diamètre, et se sépare de la face externe des filets, formant à ceux-ci une enveloppe qui sur les coupes transversales paraît indépendante du tube staminal. Cette enveloppe ou couronne, comme on la désigne d'ordinaire, est donc formée par des appendices basilaires dorsaux des filets. Ces appendices sont renflés dans leur région médiane (c, fig. 13), et amincis dans leurs portions latérales concrescentes (c'); aussi, tandis que leur contour externe est très régulièrement circulaire, leur contour interne dessine cinq lobes saillants vers l'intérieur séparés par autant d'échancrures arrondies. Ces lobes saillants correspondant au milieu de la face externe

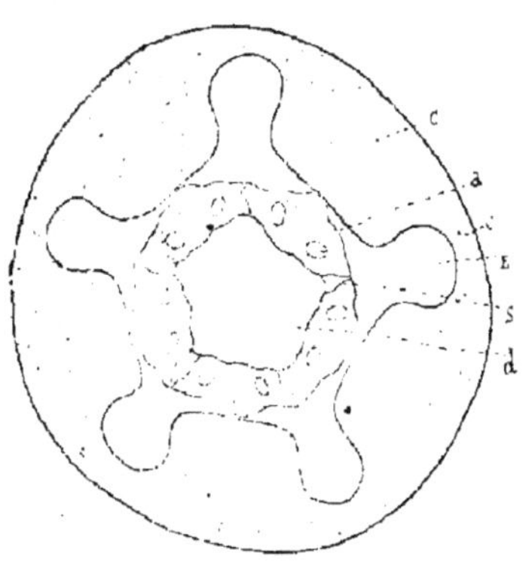

Fig. 13. — Coupe transversale passant par le sommet d'une fleur adulte. d, disque stigmatifère; a, anthère; s, chambre stigmatique; e, chambre staminale; c, portion de la couronne correspondant au lobe; c' portion amincie de la couronne.

des filets touchent celle-ci, tandis que les échancrures arrondies répondent aux échancrures triangulaires du tube staminal proprement dit: il en résulte la formation d'autant de loges, que nous appellerons *chambres staminales* (e).

Un peu avant d'atteindre le bord inférieur des ailes des anthères, la couronne s'élargit davantage en continuant à s'allonger, elle embrasse ces ailes, ménage un espace libre au-dessous d'elles, et atteint bientôt le niveau supérieur des anthères, puis se termine par cinq lobes distincts épais, ovales, arrondis qui divergent un peu (*c*, fig. 14), formant autour du centre de la fleur une disposition très régulière.

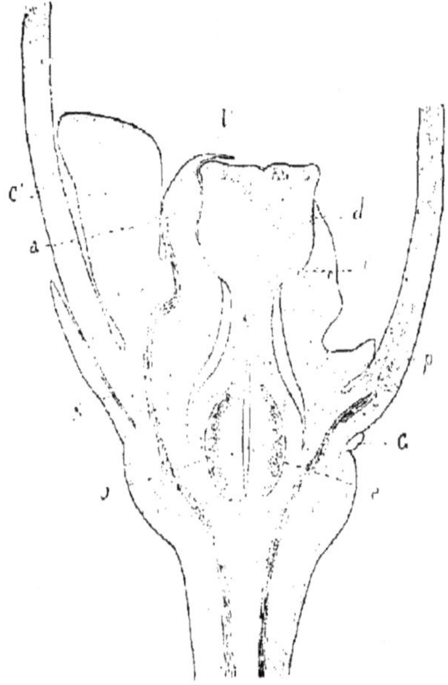

Fig. 14. — Fleur adulte, coupe longitudinale passant par le milieu de l'étamine à gauche, entre deux étamines à droite ; *d*, disque stigmatifère : *p*, pétale : *G*, glande : *s*, sépale : *c*, lobe de la couronne : *a*, anthère : *l*, appendice membraneux qui surmonte l'anthère : *i*, région de soudure entre l'étamine et le pistil : *o*, ovule : *e*, espace entre les deux carpelles.

L'appareil staminal se compose donc d'un tube et d'une couronne entre lesquels sont ménagées cinq cavités spacieuses correspondant aux intervalles des filets, et communiquant librement avec l'extérieur par une ouverture triangulaire située entre la face externe des ailes des anthères, et les lobes voisins de la couronne. Ces grandes cavités communiquent en outre vers l'intérieur par de petits espaces ménagés au-dessous des ailes des anthères avec des chambres spéciales dont nous allons maintenant décrire la disposition.

Cette description est longue, et tous ces détails pourront

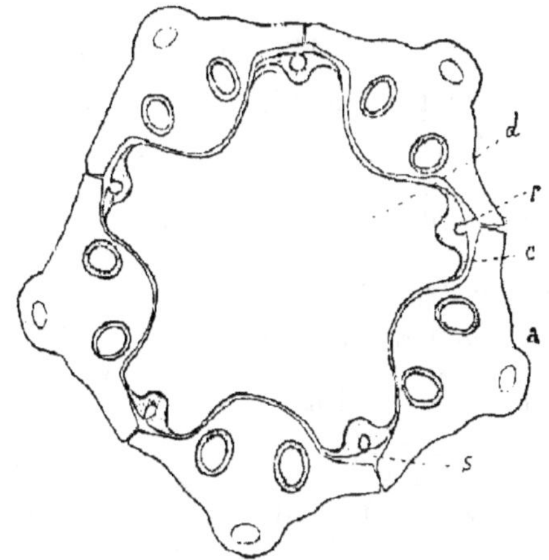

Fig. 15. — Coupe transversale passant près du sommet du disque stigmatifère d : r, rétinacle avec une portion de ses caudicules c; a, anthère avec ses loges polliniques ; s, chambre stigmatique.

paraître minutieux, mais ils sont nécessaires, ainsi que nous le verrons en étudiant la pollinisation.

Le pistil, avons-nous dit, est formé de deux carpelles soudés dans leur portion supérieure. Cette portion supérieure ou disque grossit beaucoup et refoule les étamines qui l'enserrent de tous côtés. Elle se moule en grandissant dans l'espace que lui forment ces organes, et prend un contour très régulièrement pentagonal (d, fig. 15) avec de petites dépressions, répondant aux saillies des loges des anthères. Entre les lobes de ce disque et la face interne des ailes des anthères sont ménagés de petits espaces que nous désignerons sous le nom de *chambres stigmatiques*.

La face supérieure ou terminale du pistil est un peu convexe avec une dépression centrale infundibuliforme plus ou moins profonde. Elle affleure le sommet des anthères dont les prolongements membraneux (*l*. fig. 14) exactement appliqués sur elle la recouvrent en partie. Au-dessous du disque, les carpelles sont restés libres et assez grêles, c'est la portion qui correspond aux styles (*l*, fig. 12); plus bas encore ils se sont renflés pour constituer l'ovaire.

Vers l'époque où la couronne se dégage du tube staminal qui lui a donné naissance, il se forme sur les angles du disque vers son sommet de petites masses de couleur jaune clair d'abord, puis jaune brun plus tard. Ces masses sont les rétinacles (*r*, fig. 15), elles se montrent dans la fleur épanouie comme autant de points colorés sur le fond blanc de la masse centrale. Ces rétinacles sont reliés par deux prolongements de même nature et de même couleur à deux poches allongées ovoïdes qui sont encore formées de la même substance, et contiennent le pollen qui, comme on le sait, est chez les Asclépiadées réuni en masses. Si dans la fleur depuis longtemps épanouie on veut saisir un de ces points colorés, on retire tout cet ensemble qui constitue l'appareil pollinique. On donne généralement à ces diverses parties des noms particuliers.

Ainsi la masse centrale ou *rétinacle* (*r*, fig. 16) est quelquefois appelée *corpuscule* ; elle *porte* les *caudicules* (*c*) auxquels sont suspendues les *pollinies* (*p*). Le rétinacle correspond à l'intervalle entre deux anthères voisines, et les pollinies qui lui sont attachées appartiennent aux loges les plus rapprochées de ces deux anthères.

Tels sont la morphologie de la fleur du Dompte-venin, et l'ordre de développement des diverses parties qui la constituent. Nous allons maintenant examiner comment se forme l'ovaire, et, si nous décrivons à part son développement alors que celui-ci marche de pair avec celui des autres parties de la fleur, c'est pour que cette description non interrompue soit plus facilement comprise.

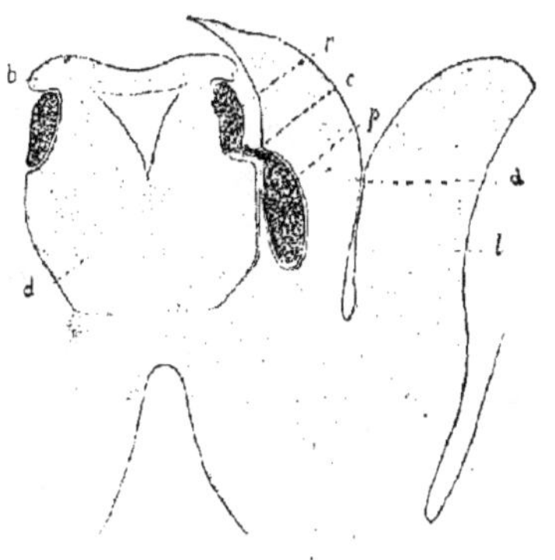

Fig. 16. — Coupe longitudinale tangentielle du disque stigmatifère ; *r*, rétinacle ; *c*, caudicule ; *p*, pollinie ; *a*, anthère ; *l*, lobe de la couronne.

J'ai déjà signalé ailleurs [1] la constitution de l'ovaire du Dompte-venin, mais alors je me proposais d'annoncer un fait plutôt que de le décrire dans ses détails ; ici, au con-

[1] Compt. rend. Acad. des Sc., 18 janvier 1892.

traire, je vais pouvoir en donner une description complète en m'aidant de figures.

C'est dans la portion tout à fait inférieure des feuilles carpellaires, au-dessus du point où elles deviennent libres, que l'on voit apparaître les premiers linéaments de la cavité ovarienne. Celle-ci sur les coupes transversales se montre tout d'abord sous la forme d'un croissant (fig. 16) limité extérieurement par une paroi concave et vers l'intérieur par une paroi convexe, mais cette dernière est interrompue en son milieu, et laisse communiquer par une fissure étroite la cavité avec une seconde semblable à la première. Ces deux cavités sont

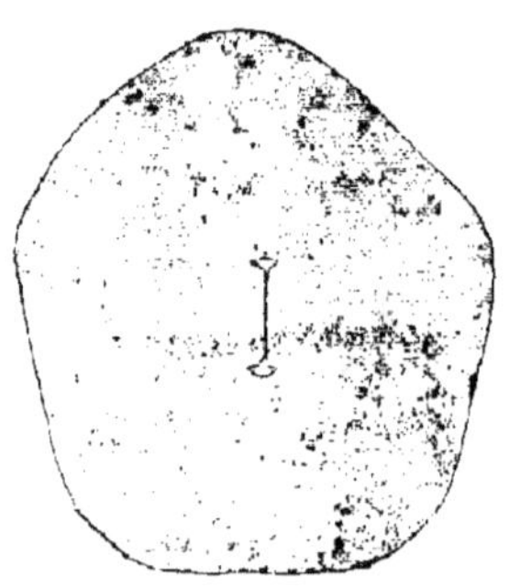

Fig. 17. — Coupe transversale passant au-dessous du calice et montrant au centre les deux cavités ovariennes réunies par une fissure étroite.

l'une antérieure, l'autre postérieure ; la fissure qui les réunit a une direction antéro-postérieure, et son milieu coïncide avec le centre de la fleur.

Cette fissure est sensiblement rectiligne dans toute sa longueur ; elle représente l'intervalle situé entre les bords des feuilles carpellaires reployées. Mais elle ne tarde pas à s'élargir un peu, surtout vers son milieu (e, fig. 18). En même temps chaque cavité grandit de part et d'autre de cette fissure en demeurant presque virtuelle, car les parois convexes qui la limitent vers l'intérieur restent dans ce développement assez exactement appliquées contre la paroi externe concave.

La fissure antéro-postérieure s'élargit de plus en plus, et présente en son milieu une dilatation de forme losangique (*e*, fig. 19). Les deux sommets répondant à la plus

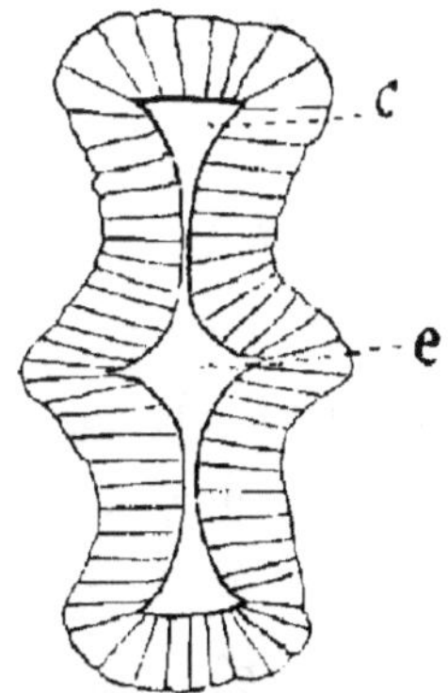

Fig. 18. — Coupe transversale très grossie représentant seulement la région centrale de la fleur : *c*, cavité ovarienne ; *e*, dilatation centrale.

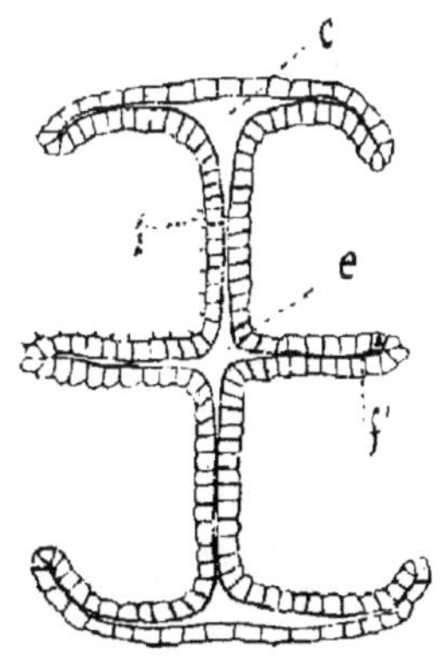

Fig. 19. — Coupe transversale passant au même niveau que la précédente, mais dans une fleur plus âgée ; *c*, cavité ovarienne ; *f* fissure antéro-postérieure ; *e*, dilatation centrale ; *f'*, fente transversale.

courte des diagonales de ce losange s'écartent progressivement l'un de l'autre, et le losange prend la forme d'une étoile à quatre branches rectangulaires entre elles. Mais, tandis que les deux branches correspondant à la fissure primitive conduisent dans deux cavités symétriques, les fentes récemment apparues sont terminées en cul-de-sac très étroit. Les deux cavités primitives s'élargissent encore, mais la paroi interne suivant la cavité dans son développement demeure toujours appliquée contre la paroi externe, et de telle sorte que cette cavité reste virtuelle.

A cette période du développement de l'ovaire, on voit la paroi interne présenter une légère ondulation de sa surface (fig. 20). Cette ondulation est produite par la formation de petites saillies très régulières qui s'accentuent peu à peu et constituent bientôt autant de petits mamelons (o). Ces mamelons au nombre de trois d'ordinaire pour chacune des moitiés de la paroi interne représentent la première ébauche des ovules. La paroi interne qui les porte est donc le placenta ; or cette paroi se continue encore manifestement avec la paroi qui limite la fissure antéropostérieure. Le développement se continuant, on

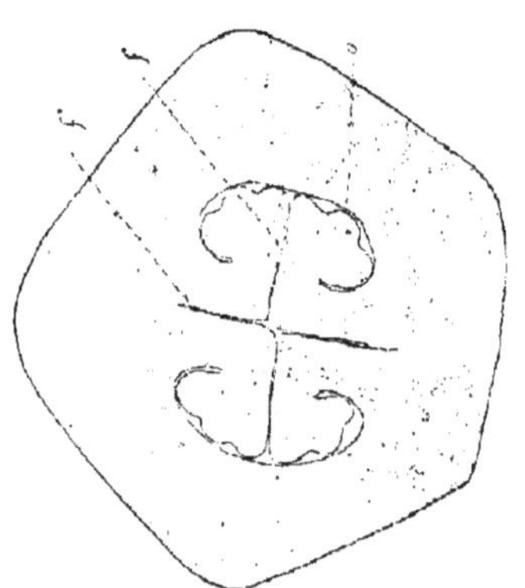

Fig. 20. — Coupe transversale de la fleur. *f*, fissure antéro-postérieure ; *f'*, fente transversale ; *o*, ovule.

voit alors les fentes perpendiculaires à cette fissure s'élargir vers leur extrémité périphérique, puis se bifurquer, et chacune de ces bifurcations décrivant un demi-cercle arrive à rencontrer la bifurcation émanée de la fente opposée, et l'on a ainsi une fente circulaire. Cette fente circulaire limitée extérieurement par l'androcée circonscrit le pistil qui se trouve ainsi devenu libre à ce niveau de sa portion ovarienne.

Ce dégagement des carpelles rend maintenant plus facile l'interprétation de ces différents aspects.

Si l'on part du milieu de la face externe ou inférieure (fig. 21) d'une feuille carpellaire, on voit que l'on peut suivre cette face pendant un quart de circonférence d'abord, puis le long d'un rayon centripète et enfin sur une portion seulement d'un rayon centrifuge. A partir de ce point, cette face est modifiée par la présence des ovules, mais toutefois on

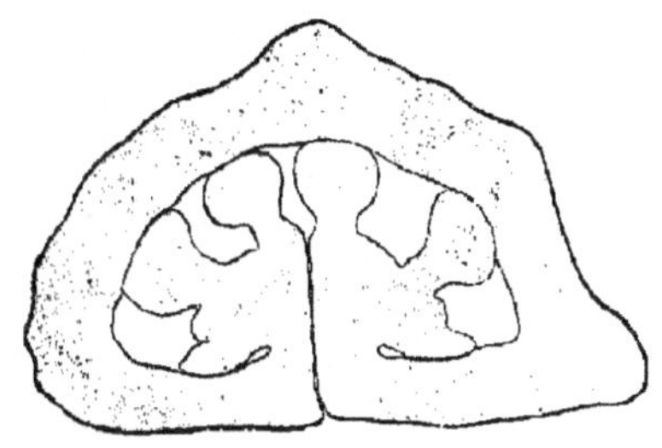

Fig. 21. — Coupe transversale d'un ovaire.

peut encore la suivre jusqu'au-delà du point où finit l'insertion de ces ovules. La face interne de la feuille carpellaire au début limite la cavité seulement vers l'extérieur, se prolongeant ensuite vers le centre en dedans du placenta.

A partir du moment où les deux feuilles carpellaires se sont séparées l'une de l'autre dans leur région ovarienne les deux cavités de l'ovaire communiquent librement avec l'extérieur. En effet la fente antéro-postérieure subsiste encore et permet cette communication. Les différentes parties de l'ovaire se développant simultanément, la cavité ovarienne grandit beaucoup en même temps que les ovules différencient leur funicule. C'est cet état qui est le plus favorable pour indiquer la constitution véritable de l'ovaire du

Dompte-venin. On voit en effet très nettement les feuilles carpellaires enroulées se continuer jusqu'à l'intérieur de la cavité qu'elles limitent, et s'étaler ensuite de part et d'autre en formant les deux ailes placentaires. Plus tard les deux portions adossées des feuilles carpellaires qui correspondent

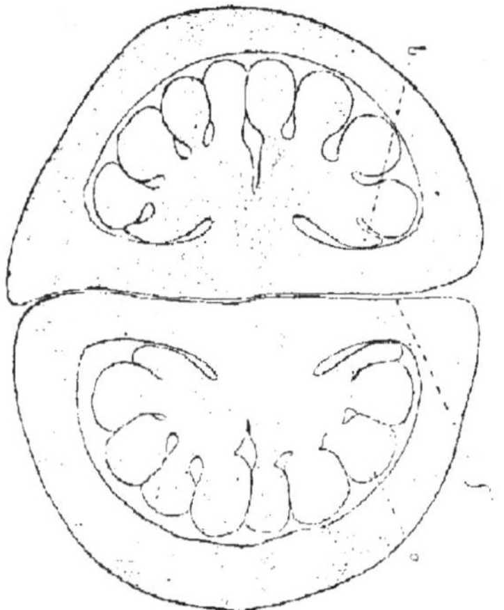

Fig. 22. — Coupe transversale du pistil montrant la soudure des ailes placentaires. *f*. fente transversale ou espace séparant l'une de l'autre les deux feuilles carpellaires ; *o*. ovule ; *q*. bord de l'aile placentaire.

aux parois de la fissure primitive se soudent entre elles, et l'aspect devient alors fort différent (fig. 22). Cette soudure se fait d'ailleurs inégalement dans la hauteur de l'ovaire, et jusqu'au moment de l'épanouissement complet de la fleur on peut constater la trace de la fissure primitive.

On admettait jusqu'ici que toutes les Angiospermes produisent leurs ovules sur la face supérieure ou sur la portion marginale de leurs bords carpellaires, et ce caractère constituait l'une des différences invoquées pour sépa-

rer le groupe des Angiospermes de celui des Gymnos-
permes, chez lesquels, au contraire, les ovules naissent
sur la face inférieure des carpelles. D'autre part, les
recherches récentes ont permis d'établir la comparaison
entre les organes reproducteurs de toutes les plantes
vasculaires.

Chez la plupart des Cryptogames vasculaires, les
sporanges sont situés à la face inférieure des feuilles ;
les Angiospermes, par la situation de leurs ovules, se
distinguaient donc des deux autres groupes de plantes
vasculaires. Le cas du Dompte-venin montre que cette
distinction n'existe pas.

Il montre en outre que l'on peut établir une homo-
logie plus complète entre l'organe mâle et l'organe femelle
de ces dernières plantes, car on savait déjà [1] que les sacs
polliniques peuvent se rencontrer sur la face inférieure
des feuilles staminales.

Après cette étude organogénique qui nous a montré que
la fleur du Dompte-venin appartient au type pentamère,
sauf pour le verticille interne qui est formé de deux carpelles seulement, nous allons aborder l'étude anatomique
de chacune de ces parties, ce qui nous permettra de
compléter, en outre, certains points se rapportant à leur
disposition réciproque.

[1] Voir notamment G. Bonnier, *Observations sur la situation morphologique des sacs polliniques chez l'Helleborus fœtidus* (Bull. Soc. bot. de France, p. 139, 1879).

DU CALICE

Chacun des sépales est constitué par une petite feuille verte, étroite à sa base, et terminée en pointe effilée à sa partie supérieure. Son tissu n'offre aucun caractère particulier, son extrémité est formée par une longue cellule lignifiée.

Il convient, en les rattachant au calice, de signaler de petits organes qui ne paraissent pas avoir attiré jusqu'alors l'attention des auteurs précédents. Ce sont des organes glandulaires situés à la base interne du calice, et qui conservent toujours des dimensions fort réduites.

Ils naissent sous forme de petits mamelons d'abord peu saillants au moment où les deux carpelles se soudent entre eux par leur extrémité supérieure. Ils proviennent d'une division des cellules sous-épidermiques qui a pour effet de soulever l'épiderme; celui-ci, à son tour, divise radialement ses cellules pour suivre ce soulèvement. Les cellules sous-épidermiques s'allongent un peu dans le sens de l'axe de la glande, qui se développe en hauteur ; au contraire, les cellules épidermiques s'allongent perpendiculairement à la surface. Mais cette différenciation de ces deux sortes de cellules est encore peu marquée (fig. 23).

Il peut parfois naître deux de ces glandes au lieu d'une seule, et celles-ci se montrent soit côte à côte, sur les coupes transversales, de telle sorte que chaque bord des deux sépales en contact possède sa glande, soit superposées l'une à l'autre (fig. 24), et dans ce cas on ne saurait dire sûrement à

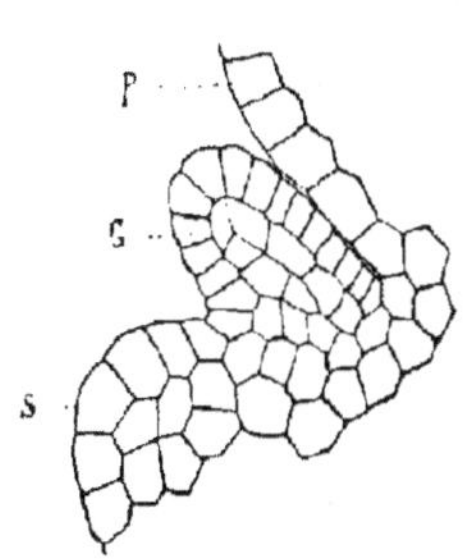

Fig. 23. — Coupe longitudinale passant par une glande du calice, G. glande ; *p*, pétale ; *s*, sépale.

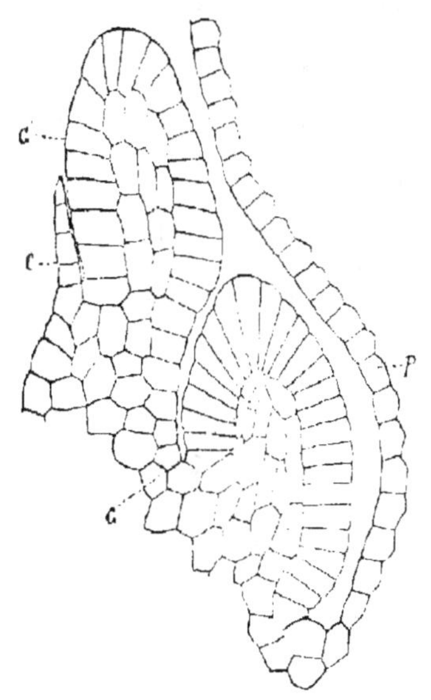

Fig. 24. — Coupe longitudinale passant par deux glandes superposées. G. glande ; G'. seconde glande ; *p*, pétale ; *c*, calice.

quel sépale correspond chacune d'elles. Mais la présence de deux glandes voisines est chose peu fréquente, et ne se présente d'ailleurs jamais à la fois dans tous les intervalles du calice.

Sur les coupes transversales menées par la base d'insertion du calice, on voit celui-ci former un anneau continu, et présenter, à sa face interne, cinq petits lobes elliptiques. Ce sont les glandes qui correspondent aux points où les sépales sont concrescents entre eux par leurs bords (fig. 25). En se développant, ces glandes acquièrent la forme d'un ovoïde aplati (fig. 26), dans le sens du rayon et dont le grand axe est vertical. En même temps les cellules qui les constituent se différencient de plus en plus. Les cellules internes en continuité avec le tissu sous-jacent s'allongent à

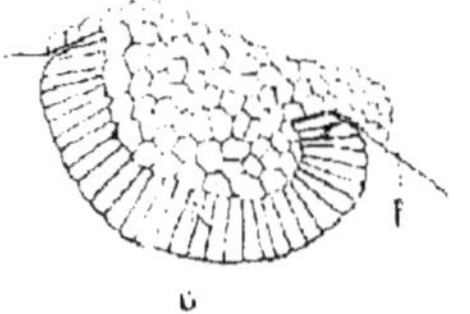

Fig. 25. — Coupe transversale passant par la base d'insertion du calice p; G, glande.

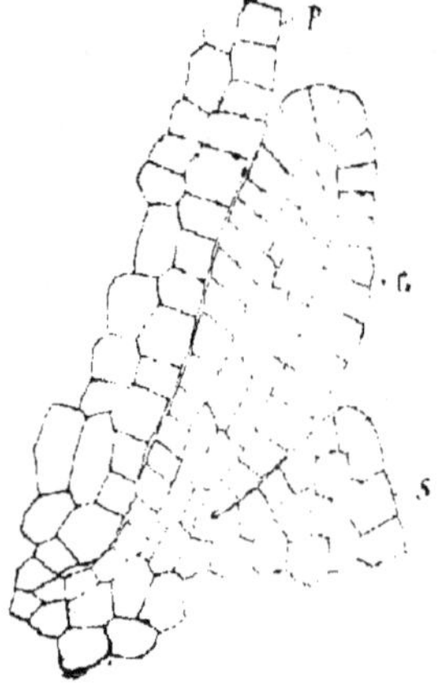

Fig. 26. — Coupe longitudinale. G. glande plus âgée; p. pétale; s. sépale.

mesure qu'on avance vers l'intérieur de la glande où elles sont disposées assez régulièrement en trois ou quatre assises; elles diffèrent surtout par leur longueur des cellules sous-jacentes, car leur contenu offre le même aspect que celui de ces dernières. Les cellules épidermiques qui recouvrent la glande sur toute sa surface présentent une différenciation beaucoup plus grande, portant à la fois sur leur forme et sur leur protoplasma. Ces cellules se sont allongées beaucoup (fig. 27), et, comme elles ont continué à se diviser radialement, leur nombre est devenu plus grand, aussi sont-elles étroites et intimement pressées les unes contre les autres. Leur protoplasma granuleux est très dense et se colore fortement par les réactifs et notamment par l'hématoxyline. Ce revêtement épidermique ainsi différencié présente un aspect tout à fait caractéristique que nous retrouverons plus tard en étudiant le pistil. C'est lui qui est la partie active de ces glandes, lesquelles sécrètent une liqueur visqueuse. La période d'activité de ces glandes calicinales est très longue, car elles persistent avec le calice après la fécondation. Toutefois la chute de la corolle amène

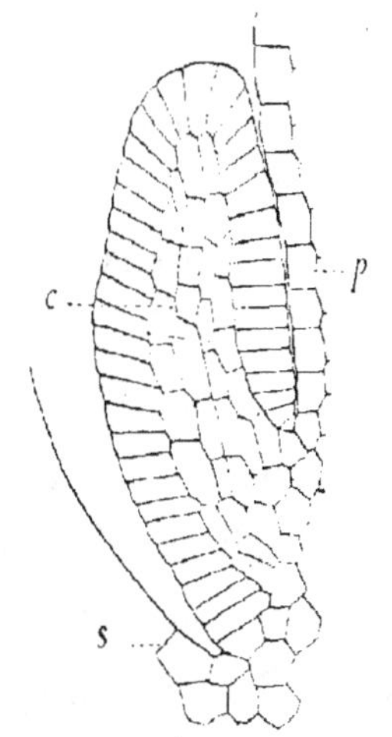

Fig. 27. — Coupe longitudinale d'une glande du calice complètement développée.

la production d'un tissu cicatriciel qui, s'étendant jusqu'aux glandes, peut altérer parfois leur constitution, de telle sorte qu'à partir de ce moment leur activité est plus ou moins atténuée.

DE LA COROLLE

La corolle gamopétale du Dompte-venin forme à sa partie inférieure une sorte de cupule peu profonde qui est surmontée par la portion libre des pétales. Cette portion libre des pétales, qui égale environ les deux tiers de leur longueur totale. est de forme lancéolée, terminée en pointe subaiguë. La couleur de la corolle est d'un blanc jaunâtre, parfois plus ou moins verdâtre. La portion libre de ses pétales offre dans le jeune âge une préfloraison tordue. et lors de son épanouissement elle s'étale de façon à donner à la corolle une apparence rotacée. L'insertion de la corolle se fait à une certaine hauteur sur les flancs du pistil. La structure de la corolle ne présente aucune particularité qui nous paraisse susceptible d'être signalée.

DES ÉTAMINES

La forme des étamines, nous l'avons vu, est très compliquée ; on peut y distinguer l'anthère, le filet, un appendice dorsal basilaire du filet qui, par son union avec les autres appendices ses voisins, constitue la couronne ; et enfin l'anthère elle-même surmontée d'un petit prolongement membraneux, terminaison du connectif, est élargie latéralement et vers le bas par des ailes qui prennent de bonne heure une consistance membraneuse. La disposition de ces différentes parties a été suffisamment indiquée précédemment et peut être comprise assez facilement à l'aide des figures qui les représentent.

Le *filet* (*f*, fig. 28) est formé d'un parenchyme lacuneux dans sa région centrale, un peu plus dense vers la périphérie ; il est parcouru dans toute sa longueur par un faisceau libéro-ligneux situé au milieu de sa face dorsale, séparé de l'épiderme de cette face par quelques assises cellulaires seulement.

Couronne. — Le faisceau libéro-ligneux du filet s'infléchit fortement en dehors vers la base de l'appendice qui

contribue à former la couronne ; puis ce faisceau se
recourbe brusquement vers l'intérieur (fig. 28), et continue

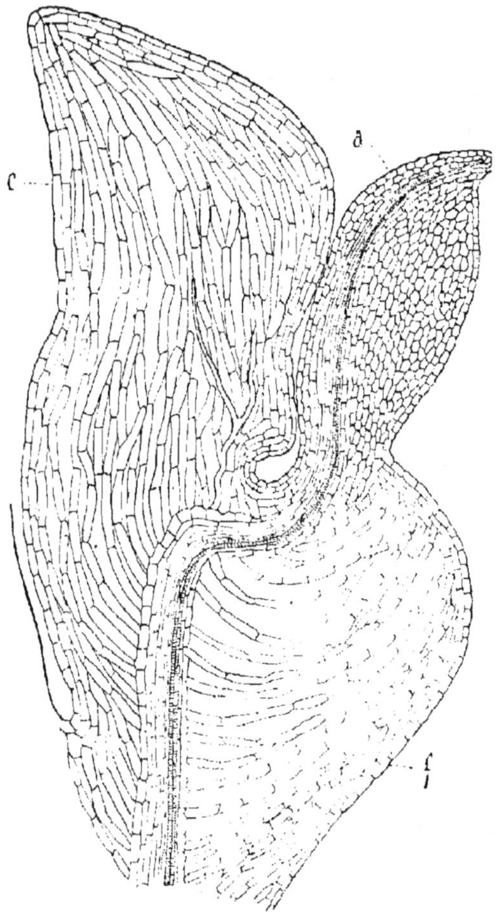

Fig. 28. — Coupe longitudinale de l'étamine. *a*, anthère ; *f*, filet ; *c*, lobe de la couronne.

son chemin à l'intérieur du filet sans pénétrer plus avant
dans l'appendice à la base duquel il forme ainsi une sorte

d'éperon. De cet éperon et des portions voisines du faisceau partent de longues cellules de parenchyme disposées en traînées irrégulières dessinant un réseau à mailles très lâches dirigées vers le sommet du lobe correspondant qui surmonte la couronne. Près de la surface ce tissu parenchymateux se dispose en assises plus régulières, devient plus dense et est recouvert par l'épiderme. On trouve en assez grand nombre, à l'intérieur de ce parenchyme, des laticifères qui sont des ramifications venues des vaisseaux laticifères du filet.

Anthère. — La structure de l'anthère ne saurait être décrite complètement dans toutes ses parties ; il convient de traiter à part le mode de formation du pollen, et les diverses modifications qui l'accompagnent.

L'anthère est parcourue dans toute sa longueur par le faisceau libéro-ligneux du filet. Ce faisceau est situé au milieu de sa face externe, et séparé de l'épiderme par quelques assises de cellules parenchymateuses. Le tissu de l'anthère est plus dense que celui des parties précédentes, il est formé de cellules polyédriques intimement unies entre elles sans méats. Les ailes de l'anthère présentent avec l'âge des modifications semblables à celles qui se produisent dans sa portion terminale médiane, elles acquièrent une consistance membraneuse due à la mort de leurs cellules, et à un épaississement de leurs parois. De part et d'autre de sa région médiane, près de sa face interne, l'an-

thère présente deux grandes cavités qui sont les loges polliniques. Dans leur voisinage le tissu de l'anthère subit
certaines différenciations, sur lesquelles nous aurons à revenir en traitant de la formation du pollen.

DU PISTIL

Nous avons décrit trois parties dans le pistil du Dompte-venin : une portion supérieure renflée de forme pentagonale, que l'on appelle souvent le disque, et que nous désignons sous le nom de *disque stigmatifère ;* une portion inférieure renflée, piriforme qui est l'*ovaire*, et enfin une troisième intermédiaire aux deux précédentes, qui représente les *styles*.

Disque stigmatifère. — Je rappelle que ce disque présente cinq lobes longitudinaux (fig. 29) creusés en leur milieu sur la plus grande partie de la hauteur d'un sillon profond. A la partie supérieure de ce sillon est fixé un rétinacle qui ferme presque complètement vers le haut l'espace compris entre le fond du sillon et la face interne des ailes des anthères.

Ce disque est formé dans toute son épaisseur par un parenchyme assez dense. Ce parenchyme est parcouru dans sa région centrale par un certain nombre de faisceaux libéro-ligneux qui sont disposés assez régulièrement sous forme de deux arcs placés symétriquement de part et d'autre du plan perpendiculaire au diamètre antéro-posté-rieur, mais qui parfois arrivent à former un cercle complet, et donnent alors à cette masse fusionnée l'apparence gros-sière d'une partie axile. Les particularités les plus intéres-santes nous sont offertes par l'épiderme.

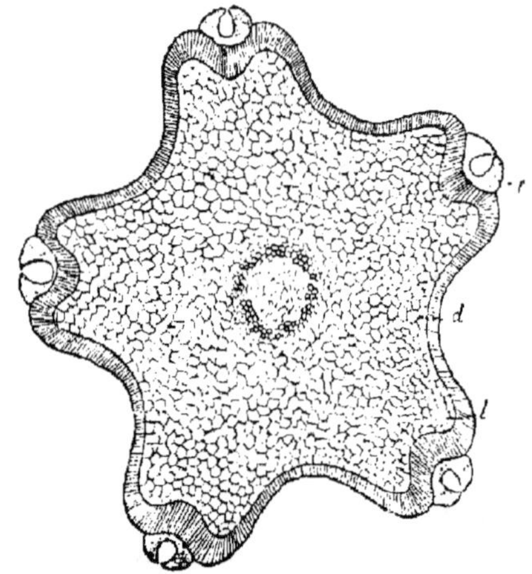

Fig. 29. — Coupe transversale menée au sommet du disque stig-matifère ; *l*, lobe du disque revêtu d'un épiderme à cellules très allongées ; *d*, épiderme à cellules moins différenciées ; *r*, réti-nacle.

Sur ses faces latérales le disque présente, en effet, un épiderme qui subit des différenciations plus ou moins accentuées en ses différents points. Les cellules épider-miques d'abord courtes et assez larges se divisent radia-dialement, deviennent très nombreuses, et par suite sont pressées les unes contre les autres. En même temps elles s'allongent perpendiculairement à la surface en restant très étroites. C'est surtout sur les portions des faces latérales qui correspondent aux lobes que cette modification se manifeste, et c'est au fond des sillons qu'elle est le plus accentuée (fig. 29). Ces cellules épidermiques rappellent tout à fait les cellules glandulaires que nous avons décrites à la base du calice. Au fond des sillons et surtout dans leur portion supérieure, ces cellules ont une longueur encore plus grande et se montrent plus serrées entre elles. Leur protoplasme subit des modifications correspondantes ; il devient granuleux, dense et se colore énergiquement par l'hématoxyline. Ces cellules constituent un revêtement glandulaire ; elles sont destinées à sécréter une matière cireuse de couleur jaune clair, qui se durcit peu à peu à l'air, et est susceptible d'acquérir une consistance cornée.

Cette substance est employée à la constitution des parties accessoires de l'appareil pollinique, ainsi que nous le verrons plus tard. Ces cellules glandulaires présentent une surface unie, régulière, pendant qu'elles fonctionnent comme éléments glandulaires producteurs de substance cireuse ; mais plus tard, quand cette fonction devenue inutile cesse, elles subissent de nouvelles modifications qui retentissent à la fois sur leur forme et sur leur protoplasma. Leur extrémité superficielle s'arrondit beaucoup, devient libre sur une certaine portion de leur longueur et fait ainsi saillie vers l'extérieur ; elle amincit sa paroi, ce qui donne à la surface que ces cellules tapissent un aspect spécial, l'aspect velouté que l'on décrit sur les papilles stigmatiques. En même temps, leur contenu devient plus transparent et élabore un liquide incolore fort différent de la matière cireuse qu'elles sécrétaient auparavant. Cette seconde série de modifications se fait comme la première sur les cellules de certaines régions en particulier. C'est à la partie supérieure des sillons surtout, et de part et d'autre, suivant une bande ondulée qui contourne les lobes, que se constatent le mieux ces différenciations ; nous en verrons la conséquence en étudiant le mode de formation de l'appareil pollinique.

En d'autres points de ces faces latérales, l'épiderme peut subir des modifications fort différentes. C'est surtout sur la portion des lobes située au-dessous des bandes glandulaires précédentes que ces modifications se produisent. On voit d'assez bonne heure les cellules épidermiques perdre leurs caractères ordinaires, elles s'arrondissent, leur paroi s'amincit; en un mot, elles acquièrent les propriétés des cellules parenchymateuses sous-jacentes, constituant ainsi une surface irrégulière qui se trouve en contact avec les portions de l'anthère situées de part et d'autre des loges polliniques. Or ces portions de l'anthère subissent des modifications analogues, leurs cellules épidermiques deviennent parenchymateuses, et par prolifération des cellules sous-jacentes il se fait des saillies longitudinales qui viennent engrener leurs cellules arrondies avec les cellules pareilles des lobes du disque. Bientôt une véritable soudure est réalisée entre ces deux organes, et les chambres stigma-

tiques se trouvent désormais séparées dans la plus grande
partie de leur hauteur. Une modification semblable frappe
les cellules de la partie inférieure du disque et les portions
correspondantes des anthères. En effet, au niveau de son
bord inférieur, le disque se soude aux anthères par la plus
grande partie de son pourtour ne ménageant que les portions correspondant à ses lobes. En ces points les cellules
s'arrondissent à leur extrémité, qui devient saillante, et
acquièrent tous les caractères des cellules stigmatiques.
Ces cellules tapissent inférieurement la paroi interne des
chambres stigmatiques, qui, nous l'avons vu, sont tapissées
par des cellules à peu près semblables dans leur portion
supérieure. Ces cellules stigmatiques situées au bord inférieur du disque constituent le véritable stigmate ; au-dessous d'elles est le tissu conducteur formé de cellules
allongées à paroi molle, qui rejoignent la partie centrale
du style. Les ailes des anthères limitant vers l'extérieur
les chambres stigmatiques différencient également leurs
cellules épidermiques. Celles-ci s'allongent beaucoup,
s'arrondissent (fig. 30), et vers leurs bords les ailes
donnent naissance à de véritables poils longs, à paroi
molle (*c*), qui s'enchevêtrant entre eux ferment complètement l'espace que ces ailes laissent entre elles.

Par suite de ces diverses modifications les chambres
stigmatiques sont tapissées de tous côtés par un épiderme

spécial bien propre à favoriser la germination du pollen qui y sera placé.

Sur la face supérieure du disque l'épiderme reste avec

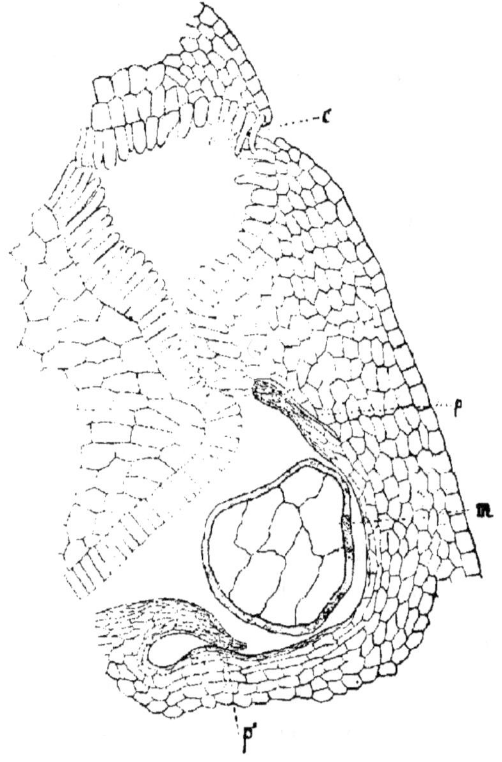

Fig. 20. — *c*. cellules allongées en poils tapissant le bord des ailes des anthères; *m*. masse pollinique; *p'*. parois de l'anthère après la déhiscence.

ses caractères habituels : à sa face inférieure au contraire il se modifie suivant cinq bandes rayonnantes qui aboutissent à la base des sillons latéraux. Ces cellules avec les assises sous-jacentes constituent le tissu conducteur qui fait communiquer la chambre stigmatique avec le centre du style.

Du style. — Le style formé par la partie rétrécie de la feuille carpellaire enroulée en cornet présente en son centre dans la plus grande partie de sa longueur une cavité très réduite, qui est le prolongement de la cavité ovarienne. Son tissu assez dense est formé de parenchyme sillonné dans le sens de sa longueur par un certain nombre de faisceaux libéro-ligneux, et aussi par des laticifères, qui se rendent dans le disque. Par la partie supérieure sa cavité se continue avec le tissu conducteur des cinq bandes rayonnantes qui descendent des chambres stigmatiques.

De l'ovaire. — Cette portion du pistil étant destinée à acquérir un accroissement plus grand que les autres parties, en même temps qu'une durée plus longue, présente dans sa structure une différenciation plus accentuée que celle des précédentes, et rappelant tout à fait la structure d'une feuille végétative. Son parenchyme parcouru par des faisceaux libéro-ligneux est sensiblement homogène et sillonné surtout vers sa face interne par un grand nombre de laticifères. Les faisceaux libéro-ligneux sont nombreux et disposés comme dans toutes les feuilles, c'est-à-dire leur bois tourné vers l'intérieur de la cavité ovarienne. Les faisceaux situés de part et d'autre de la fissure primitive présentent le plus souvent dans leur

orientation une inclinaison très marquée conforme au mouvement d'enroulement du carpelle. Généralement les faisceaux manquent dans la portion correspondant aux parties
soudées, car c'est suivant la fissure primitive que se fait
plus tard la déhiscence du fruit, mais on les retrouve dans
les ailes placentaires. Ces faisceaux encore peu différenciés
se ramifient un grand nombre de fois pour envoyer des
branches aux ovules. Le parenchyme des ailes placentaires est d'ordinaire formé de cellules qui s'arrondissent
peu à peu dans la suite, et arrivent à laisser entre elles des
méats. L'épiderme de la face inférieure ou externe se continue avec les mêmes caractères jusque sur les ailes placentaires avant que la soudure des deux portions adossées
soit effectuée; mais après des différences surviennent en
raison du rôle différent dévolu à la surface placentaire.
L'épiderme de la face interne offre des cellules courtes
et élargies se distinguant nettement des cellules plus
longues et plus étroites qui tapissent les ailes placentaires.
Les caractères fournis par l'épiderme aux différents stades
du développement sont des plus probants en faveur de la
nature dorsale du placenta.

DES OVULES

C'est sur la face externe des ailes placentaires que naissent les ovules, ainsi que nous l'avons précédemment indiqué. De très bonne heure, on voit les cellules sous-épidermiques se diviser activement en certains points, et former de petites saillies que l'épiderme recouvre en se soulevant et en s'accroissant lui-même en surface par division radiale de ses cellules. Les cellules qu'il recouvre ainsi continuent à se diviser, et l'on a bientôt un petit mamelon hémisphérique libre par sa surface arrondie. Bientôt ces mamelons hémisphériques changent de forme, ils s'accroissent plus en hauteur qu'en largeur, et on voit que leur extrémité arrondie s'infléchit un peu vers le haut ; puis l'accroissement porte surtout sur la région inférieure.

Par suite de l'accroissement rapide de cette région, chaque ovule acquiert une forme ovoïde. Dans sa portion la plus voisine du placenta, il s'allonge sans s'épaissir produisant une sorte de pédicule arrondi qui est le funicule. Le développement se poursuit et l'ovule s'accroît surtout vers le bas, en sorte que bientôt il paraît inséré au funicule non plus par sa région médiane, mais par sa moitié supérieure. Pour étudier complètement la structure de l'ovule, il est indispensable de décrire la formation du sac embryonnaire ; nous étudierons donc cette structure un peu plus tard, car il convient d'exposer auparavant le mode de formation du pollen, formation qui dans la fleur s'accomplit longtemps avant que se différencient les ovules.

DU POLLEN

Le pollen des Asclépiadées a été étudié par un grand nombre d'auteurs.

Sa formation a été suivie chez des plantes voisines du Dompte-venin par Corry [1], mais la description qu'en donne cet auteur présente avec les faits qu'on observe chez le Dompte-venin des différences telles, qu'il me paraît assez difficile de les admettre. En effet, d'après Corry, les cellules mères du pollen dériveraient d'une cellule sous-épidermique unique qu'il appelle *archesporium*. Celle-ci par des cloisonnements répétés donnerait naissance aux cellules mères qui sont assez nombreuses dans l'*Asclepias Cornuti*. La disposition des cellules mères du pollen et leur forme ressemblent tellement à ce que l'on observe dans le Dompte-venin qu'il me paraît devoir exister une analogie complète dans le mode de formation. Or, les cellules mères du pollen dans le Dompte-venin sont produites par autant de cellules sous-épidermiques distinctes, ainsi que nous allons le voir.

[1] *Loc. cit*

En étudiant la structure de l'anthère nous avons vu que dans l'état très jeune son tissu est homogène et tout entier parenchymateux (fig. 31). Mais de très bonne heure, long-temps avant que ces anthères aient contracté des adhérences avec le pistil, des différenciations apparaissent dans ce tissu.

Cette précocité de différenciation des anthères dans le développement de la fleur est l'une des causes qui en rendent l'observation plus difficile, et, si l'on ne peut assister aux

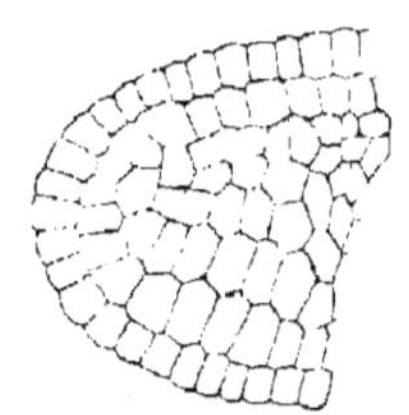

Fig. 31. — Coupe transversale d'une moitié d'anthère. Les cellules sous-épidermiques montrent un allongement déjà notable dans la région correspondant à la future loge pollinique.

premiers stades de cette différenciation, l'aspect ultérieur est fort difficile à interpréter. C'est suivant deux bandes longitudinales situées à la face interne de l'anthère

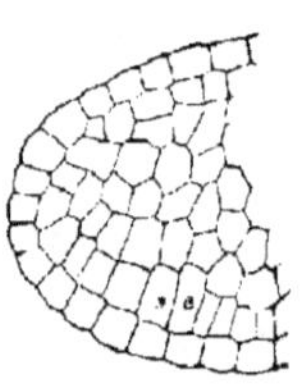

Fig. 32. — Coupe transversale d'une portion d'anthère. Les deux cellules qui ont leur noyau offrent un allongement très net.

et de part et d'autre de sa région médiane que ces modifications se produisent. En raison de la parfaite symétrie de ces organes, nous considérerons seulement l'une des moitiés de l'anthère. En faisant des coupes transversales passant par le milieu de la longueur de l'anthère, on voit les cellules sous-épidermiques, correspondant aux bandes que je viens d'indiquer, s'allonger plus que leurs voisines vers l'intérieur du tissu. Ces cellules sont généralement au nombre de quatre dans le plan considéré, mais un peu au dessus et un peu au dessous leur nombre va en diminuant (fig. 32), car la bande longitudinale correspondant aux cellules sous-épidermiques dont il s'agit va en se rétrécissant à ses deux extrémités. Ainsi plusieurs assises sous-épidermiques superposées subissent les mêmes transformations ; ce que je vais dire pour l'une des assises moyennes s'applique donc à la fois à toutes les autres. Chacune de ces cellules en s'allongeant ainsi vers l'intérieur

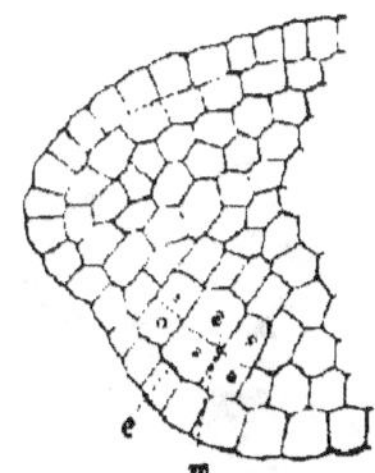

Fig. 33. — Coupe transversale d'une portion d'anthère ; m. cellule mère du pollen ; e, cellule externe.

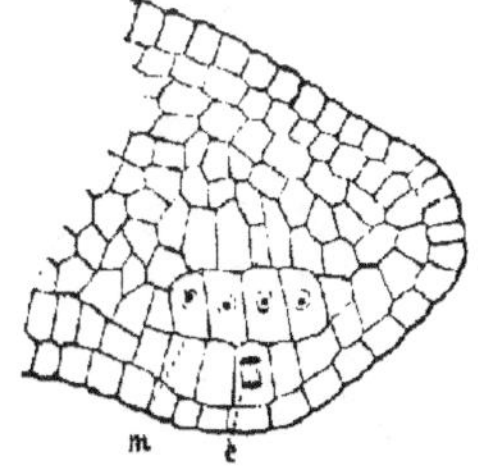

Fig. 34. — Coupe transversale d'une portion d'anthère. m. cellule mère du pollen ; e. cellule externe dont le noyau est en voie de division.

s'élargit, puis bientôt son noyau entre en division, et une cloison parallèle à la surface, c'est-à-dire tangentielle, la sépare en deux cellules dont la plus interne est la cellule mère du pollen (m, fig. 33). Cette cellule très rapidement se met à grandir, son protoplasma devient dense, son noyau grossit aussi. Pendant un certain temps on peut constater cette origine des cellules mères, car ces dernières s'allongent surtout dans la direction perpendiculaire à la surface et, restant étroitement appliquées les unes contre les autres, elles ont encore leurs parois latérales en continuité de direction avec les parois latérales des cellules externes (e). Mais bientôt celles-ci cessent de croître, tandis que les cellules mères acquièrent des dimensions de plus en plus grandes, et par conséquent leurs parois latérales cessent complètement de se montrer en continuité de direction avec celles des cellules externes. A partir de ce moment, les cellules mères forment sur les coupes transversales une

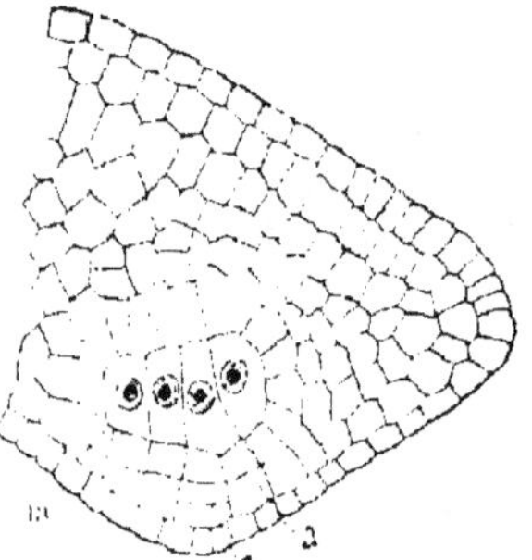

Fig. 35. — Coupe transversale d'une portion d'anthère; m. cellule mère du pollen; a. assise glandulaire ou nourricière; c. cloison produisant une troisième cellule externe.

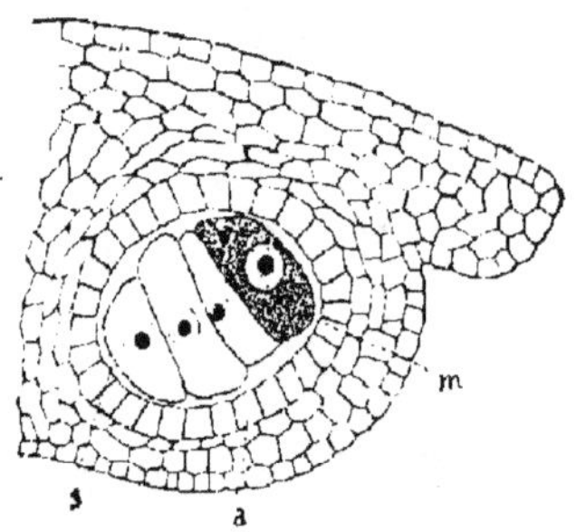

Fig. 36. — Coupe transversale d'une portion d'anthère; m, cellule mère du pollen; a, assise nourricière; s, couche cireuse formant le sac pollinique.

grande plage qui, d'abord rectangulaire, s'arrondit peu à peu par suite des changements de forme que présentent les deux cellules mères latérales. Leur taille est considérable et dépasse un grand nombre de fois celle des cellules voisines. Leur protoplasma très finement granuleux est homogène sans vacuoles, leur noyau est devenu très gros, et sa substance chromatique se colore fortement par l'hématoxyline. Quand on éclaire les coupes par une lumière artificielle vive, cette substance chromatique, opaque à la lumière diffuse, montre à son intérieur un ou deux petits nucléoles régulièrement sphériques qui se détachent en clair brillant sur le fond sombre de la masse chromatique. Cet état persiste assez longtemps et représente l'état de repos (fig. 36).

Pendant que les cellules internes se différencient ainsi, les cellules externes provenant de la division des cellules sous-épidermiques présentent de leur côté des différenciations qu'il convient maintenant d'examiner. Après avoir grandi, elles se divisent par une cloison tangentielle, les cellules internes provenant de cette division grandissent beaucoup, puis se cloisonnent, mais seulement dans le sens radial, formant ainsi une assise qui limite exactement de ce côté la plage formée par les cellules mères. Cette assise (a, fig. 35) peu à peu se complète, tant par division radiale des cellules, nées comme nous venons de le dire, que par la différenciation analogue de cellules du parenchyme qui entourent les cellules mères. Elle correspond à l'assise des cellules jaunes ou à l'assise nourricière qui forme d'ordinaire la paroi du sac pollinique ; mais outre son rôle d'assise nourricière, elle doit jouer ici un autre rôle, et c'est pour accomplir celui-ci qu'elle subit tout d'abord certaines modifications.

Ces cellules s'allongent radialement en se divisant dans

le même sens, et forment une couronne très régulière
(*a*, fig. 36) qui se distingue très nettement des assises voisines. Leur protoplasma devient dense et se colore très fortement par l'hématoxyline, en un mot elles acquièrent les
diverses propriétés que nous avons déjà signalées plusieurs
fois pour le tissu glandulaire. Toutefois elles n'atteignent
jamais une longueur aussi grande que les cellules épider-

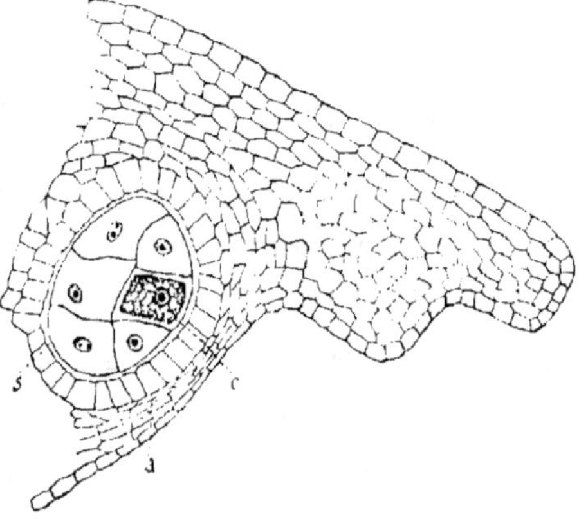

Fig. 37. — Coupe transversale d'une portion d'anthère ; *c*, grain
de pollen ; *a*, assise nourricière ; *s*, sac pollinique.

miques des sillons du disque, et se rapprochent davantage
des cellules glandulaires du calice. Elles sécrètent par
leur surface en contact avec les cellules mères une substance incolore, qui devient de plus en plus abondante (*s*).

En se cloisonnant radialement, ces cellules glandulaires
agrandissent le diamètre de la couronne qu'elles forment,
et, comme cette croissance est plus rapide que celle des
cellules mères, il se forme autour de celles-ci un espace

qui, d'abord étroit, s'élargit peu à peu en se remplissant de la substance (*s*, fig. 37) sécrétée par l'assise glandulaire. C'est pendant ce temps que les cellules mères du pollen entrent en division avec une simultanéité absolument complète. Les diverses phases de la karyokinèse se produisent dans toutes les cellules d'une même masse. La substance chromatique au lieu d'être pelotonnée en une masse centrale se désagrège en quelque sorte, et l'on peut voir tous les passages de cette désagrégation, qui conduit à l'isolement de petits segments chromatiques. Ces segments, dont la petitesse ne permet pas de saisir exactement la forme, se colorent fortement et se disséminent d'abord sans ordre à l'intérieur du noyau, puis ils s'orientent dans un même plan, et présentent à un certain moment une disposition des plus régulières, formant par leur ensemble la plaque nucléaire. Quand on est assez heureux pour obtenir une plaque nucléaire correspondant exactement au plan de la coupe, on constate aisément cette disposition, et l'on a en même temps l'occasion la plus favorable pour compter le nombre de ces segments. Ce nombre est de douze (fig. 38), et je l'ai trouvé constant dans tous les noyaux des cellules mères en voie de division que j'ai pu examiner à ce point de vue. Le noyau des cellules végétatives voisines renferme des segments chromatiques encore plus petits que les précédents, mais difficiles à compter. car ils sont plus nombreux que ceux des cellules mères, et disséminés dans un espace très restreint. Toutefois, si je n'ai pu en fixer le nombre très exactement, je puis dire qu'il dépasse vingt, car j'ai très souvent atteint ce chiffre en comptant les segments susceptibles d'être nettement isolés ; mais très vraisemblablement plusieurs ont dû échapper à cette numération, soit par leur superposition, soit par un accolement trop intime avec leurs voisins.

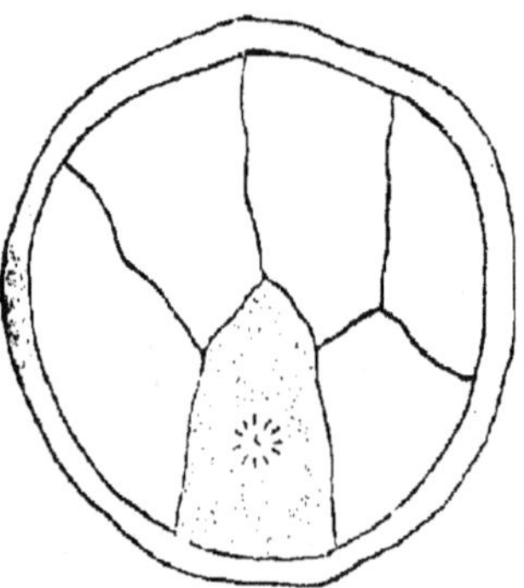

Fig. 38. — Coupe transversale d'une pollinie. Un seul grain de pollen a été figuré avec son contenu. Les douze segments chromatiques offrent une disposition très régulière constituant la plaque nucléaire.

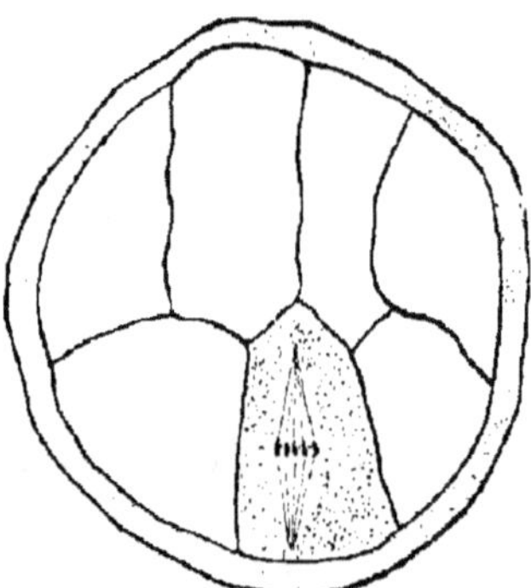

Fig. 39. — Coupe transversale d'une pollinie. Un seul grain de pollen a été figuré avec son contenu. Il montre la division du noyau à l'état de plaque nucléaire, le fuseau étant disposé horizontalement.

Le noyau des cellules sous-épidermiques qui en se divisant ont donné les cellules mères ne diffère en aucune façon des noyaux des autres cellules végétatives sous le rapport du nombre des segments chromatiques.

La différence s'établit seulement pour le noyau de la cellule mère, et subsiste dans les noyaux des cellules filles. Cette réduction de nombre qui frappe les segments chromatiques des noyaux sexuels mâles est donc tout à fait comparable à celle que M. Guignard a signalée chez certaines Monocotylédones, et sur laquelle il a insisté récemment en la regardant comme une loi générale [1].

Dans les plantes étudiées par M. Guignard, cette réduction est exactement de moitié ainsi qu'il a pu le constater avec certitude, car leurs segments chromatiques sont relativement de grande taille. C'est pourquoi il me paraît probable que dans le Dompte-venin cette réduction est également de moitié, ce qui porte à vingt-quatre le nombre des segments chromatiques des cellules végétatives. Ces nombres correspondent précisément à ceux trouvés par cet auteur dans le *Lilium Martagon*, ce qui semble indiquer leur fréquence, sinon leur constance, car on sait que ces nombres peuvent différer chez des plantes même très voisines, ainsi que le montrent les résultats de M. Strasburger [2]. Mais ce qui est plus intéressant, c'est de rencontrer dans les Gamopétales une confirmation de la loi énoncée par M. Guignard.

Les cellules filles ou grains de pollen modifient très vite leur forme et leur disposition. Elles s'arrondissent irrégulièrement en certains points et demeurent planes sur leurs surfaces en contact. Puis bientôt après leur noyau entre en division offrant alors les caractères déjà indiqués pour

---

[1] *Étude sur les phénomènes morphologiques de la fécondation.* Actes du Congrès botanique de 1889. *Nouvelles études sur la fécondation.* Ann. des sc. nat., t. XIV, 5e série, 1891.

[2] *Ueber Kern-und Zelltheilung.*

les divisions précédentes, et l'on a bientôt deux noyaux dont l'un est le noyau végétatif du grain de pollen, et dont l'autre est le noyau générateur. Ce dernier est entouré d'une zone un peu plus sombre que le protoplasma ambiant, ce qui correspond à la petite cellule ou cellule génératrice. Parfois, ce noyau générateur se divise à son tour, et l'on a ainsi dans un grain de pollen deux noyaux générateurs et un noyau végétatif (fig. 40).

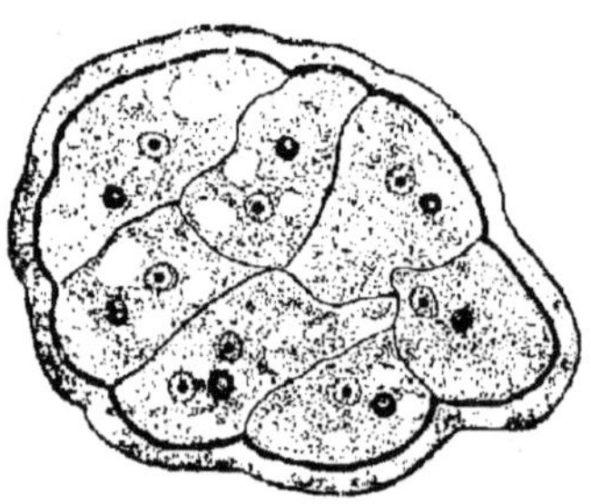

Fig. 40. — Coupe transversale d'une pollinie. On voit un grain de pollen possédant un noyau végétatif et deux noyaux générateurs.

Les grains de pollen ne deviennent jamais parfaitement ronds, et accolés les uns aux autres ils tiennent le milieu entre la forme sphérique et la forme polygonale. Tout autour de leur masse la substance sécrétée par l'assise glandulaire forme un revêtement uniforme qui prend une coloration jaune clair, puis brunit un peu en s'épaississant.

Quand cette enveloppe cireuse a atteint son épaisseur définitive, l'assise glandulaire cesse de fonctionner, le protoplasma de ses cellules perd ses propriétés, ne se colore plus aussi fortement par l'hématoxyline, leur noyau se fragmente, leur paroi se gonfle, puis se gélifie en même temps que leur disposition d'abord régulière se modifie. Ces cellules glissent diversement l'une sur l'autre pareilles à des morceaux de glace qui régulièrement empilés se mettraient à fondre, et sous l'influence d'une fusion inégale aux divers points détruiraient peu à peu leur arrangement primitif. Finalement ces cellules se détruisent comme telles, et la substance résultant de leur destruction se répand dans la cavité que leur disparition agrandit, et au milieu de laquelle baigne le sac jaune qui entoure les grains de pollen.

La seconde assise qui limite à présent cette cavité se détruit à son tour, ce qui augmente d'autant cette dernière.

Pendant que les cellules internes issues de la cellule sous-épidermique par des divisions tangentielles répétées subissent le sort que nous venons d'indiquer, les cellules externes situées sous l'épiderme se sont divisées à leur tour et ont donné naissance à une couche de cellules qui grandissent et épaississent leurs parois suivant des bandes diversement disposées. C'est la couche des cellules à bandes, qui doit jouer un rôle mécanique lors de la déhiscence de l'anthère. Cette couche part de la région moyenne de l'anthère, et s'étend jusque près de son lobe latéral.

Avant que la déhiscence se produise, chaque cavité ou loge de l'anthère contient donc à son intérieur une masse pollinique entourée par une enveloppe épaisse de couleur jaune brun. Cette masse ou pollinie est de forme allongée ainsi que le montrent les coupes longitudinales (fig. 41), et l'enveloppe cireuse l'entoure complètement formant ainsi un véritable sac qui mérite le nom de sac pollinique, bien mieux que l'assise cellulaire, à laquelle on le donne d'ordinaire. Ce sac est en continuité de substance à sa partie supérieure avec le caudicule dont nous allons à présent décrire le mode de formation.

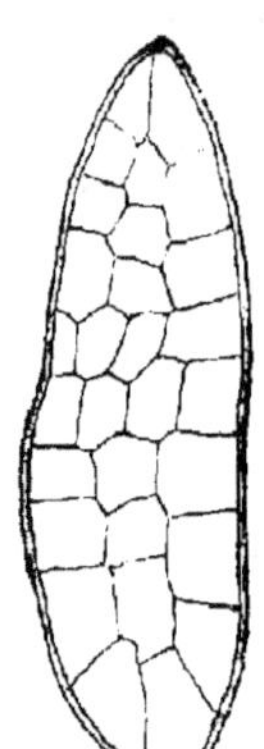

Fig. 41. — Coupe longitudinale d'une pollinie, montrant les grains de pollen entourés par la substance cireuse qui leur forme un véritable sac.

Chaque caudicule (fig. 42) est composé de la substance cireuse dont nous avons déjà plusieurs fois parlé. La substance qui le constitue est sécrétée par la bande glandulaire sinueuse qui contourne le lobe du disque partant du fond du sillon pour aller se terminer au-dessus de la loge pollinique.

Cette substance durcit peu à peu et forme un cordon de forme irrégulière qui à sa partie inférieure s'unit au sommet du sac au moment où cette substance récemment sécrétée est encore molle. De la même manière il s'unit à la face inférieure du rétinacle. Ce dernier provient de la sécrétion des cellules glandulaires qui tapissent la portion supérieure du sillon du disque, et commence à apparaître de très bonne heure.

Au sujet de ces parties accessoires de l'appareil pollinique, qui se rencontrent chez les autres Asclépiadées plusieurs hypothèses ont été émises. On les a considérées généralement comme des glandes, et à ces glandes certains auteurs ont attribué un rôle dans la fécondation. Corry a montré la véritable nature de ces corps dans l'*Asclepias Cornuti;* seulement les détails concernant leur mode de formation nous paraissent différer en plusieurs points de ceux qu'on observe chez le Dompte-venin.

C'est sous la forme de deux petites saillies triangulaires tournant l'une vers l'autre leur pointe

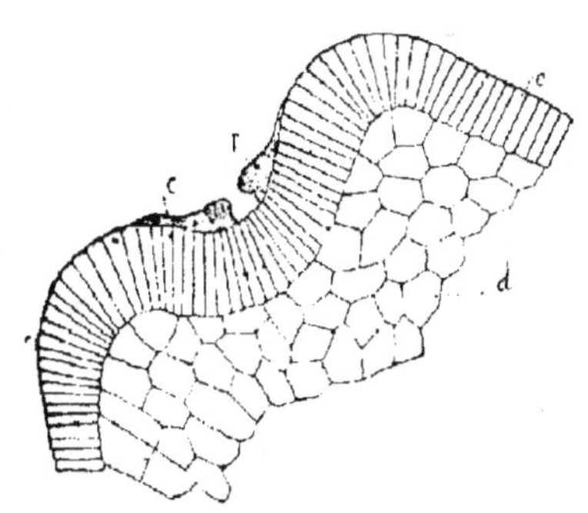

Fig. 42. — Coupe transversale d'un lobe du disque stigmatifère en voie de développement ; *r*, rétinacle ; *c*, caudicule ; *d*, parenchyme du disque ; *e*, épiderme.

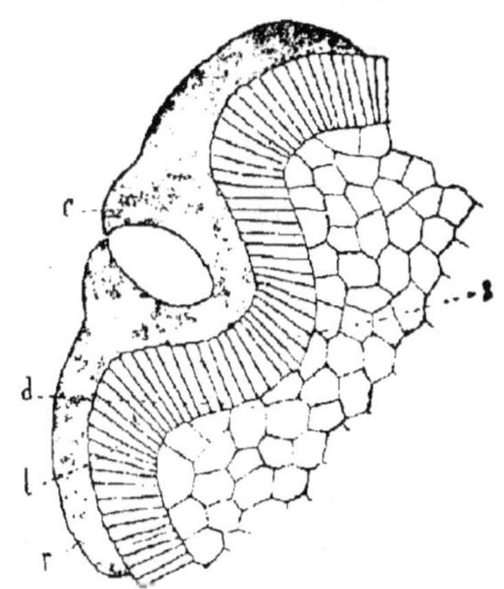

Fig. 43. — Coupe transversale d'un lobe du disque stigmatifère plus âgé que celui représenté fig. 42 ; *c*, cornes du rétinacle ; *r*, caudicule, *s*, épiderme du sillon ; *l*, épiderme du lobe ; *d*, parenchyme du disque.

un peu recourbée que le rétinacle apparaît dans chaque sillon. C'est d'abord sur les flancs de ce sillon qu'elles se produisent ; cependant dans l'espace compris entre elles et le fond de ce dernier on peut voir une masse transparente incolore qui forme entre leurs bases une sorte de pont. La sécrétion se faisant dans toute la largeur du sillon, la substance cireuse en se concrétant prend la forme de croissant à pointes saillantes et légèrement recourbées en dedans. Au fur et à mesure que se continue cette sécrétion, le rétinacle s'épaissit, sa couleur de jaune devient brune, et des stries ondulées se dessinent dans son épaisseur. Ces stries correspondent, ainsi que l'a indiqué Corry, aux cellules sécrétrices.

A la maturité du pollen, la couche des cellules à bandes

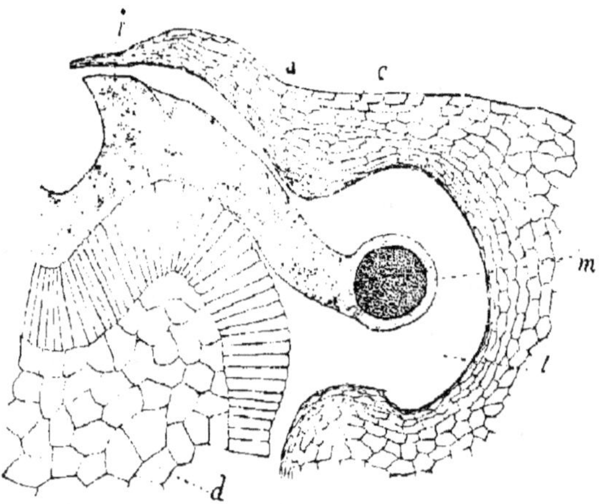

Fig. 44. — Coupe transversale passant par le sommet d'une loge pollinique après la déhiscence : *a*. aile de l'anthère ; *m*. pollinie fixée par sa partie supérieure au caudicule *c* ; *r*. rétinacle ; *l*, loge pollinique ; *d*. disque.

se rompt suivant une ligne longitudinale correspondant au milieu de la loge de l'anthère, et les portions de paroi qu'elle constitue s'écartent l'une de l'autre ouvrant une large fente à cette loge. La paroi la plus éloignée du milieu de l'anthère s'infléchit vers l'extérieur, l'autre se replie vers l'intérieur de la loge, et s'enroule en se rapprochant de la cloison médiane de l'anthère qui prend dès lors l'aspect d'un champignon

à chapeau vu en coupe longitudinale (fig. 45). La loge pollinique est donc largement ouverte; comme d'autre part la
substance cireuse depuis longtemps concrétée adhère peu
aux parois qui l'ont formée, l'appareil pollinique a acquis

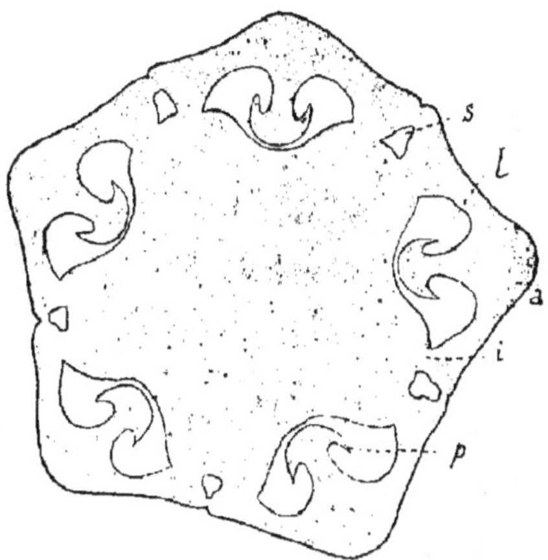

Fig. 45. — Coupe transversale passant par la région moyenne du disque
stigmatifère et des anthères. *l.* loge pollinique ; *a.* anthère ; *i*, région de soudure de l'anthère et du disque; *s*, chambre stigmatique; *p.* portion
de la paroi de l'anthère réfléchie après la déhiscence.

une indépendance à peu près complète. Avant de voir ce qu'il
devient, nous devons étudier les changements qui se produisent dans l'ovule, et en particulier la formation du sac
embryonnaire.

DE L'OVULE [1]

La structure des ovules des Asclépiadées a été étudiée, il y a longtemps déjà, par Schleiden [2] qui a figuré
précisément l'ovule d'un Dompte-venin (*V. nigrum*). Pour
cet auteur, les ovules de ces plantes sont caractérisés
par l'absence de tégument. Plus tard M. Warming dans
un important Mémoire sur l'ovule des Angiospermes [3]
affirme que les Asclépiadées comme toutes les autres
plantes, sauf peut-être le *Thesium* parmi les Santalacées,
possèdent un tégument. Il ajoute que, si dans le cas où ce
tégument est contesté le canal micropylaire n'a pas été vu,
c'est parce qu'il est très long et surtout très fin.

Peu après, M. Vesque comparant le mode de formation
du sac embryonnaire dans un très grand nombre de familles
s'exprime ainsi au sujet du groupe des Apocynées et
des Asclépiadées [4] :

« Les ovules de ces plantes sont difficiles à étudier, non

[1] *Sur la Structure de l'ovule de la formation du soc embryonnaire du
Dompte-venin.* Compte-rend. Acad. sc., 8 février 1892
[2] *Ueber Bildung des Eichens und Entstehung des Embryo's,* 1837.
[3] *De l'Ovule,* Ann. Sc. nat., 6e série, t. V, 1878.
[4] *Sur le développement du sac embryonnaire des Phanérogames angiospermes.* Ann. Sc. nat., 6e série. t. VIII, 1879, p. 365.

seulement à cause d'une légère torsion du funicule, qui
s'oppose à la préparation de coupes bien axiles (par rapport à l'ovule), mais aussi par l'apparition d'une assez
grande quantité d'amidon dans le sac embryonnaire peu de
temps avant la fécondation.

« Comme dans toutes les Gamopétales, la cellule mère
du *Vinca minor* est simplement recouverte par l'épiderme
du nucelle. Celui-ci de dimensions très faibles et composé
d'un petit nombre de cellules est bientôt recouvert par un
volumineux tégument qui ne laisse plus libre qu'un canal
micropylaire très fin.

« La cellule mère se divise en trois cellules mères spéciales dont la supérieure donne naissance à une tétrade.
La cloison 1-2 se dissout, l'un des noyaux de la tétrade
va rejoindre celui de la cellule 2. On les trouve pendant
longtemps situés côte à côte au centre du sac embryonnaire.
La cloison 2-3 persiste ; plus grande que la section droite
du sac, elle s'infléchit fortement de haut en bas. La cellule 3 devient une anticline inerte.

« Pendant que tous ces changements s'opèrent à l'intérieur du sac embryonnaire, l'épiderme qui le recouvre
s'aplatit, se comprime et finit par disparaître.

« J'ai vérifié le premier développement de l'ovule dans
le *Strophantus dichotomus*.

« L'étude complète de l'ovule adulte du *Ceropezia San-
dersoni* me permet d'affirmer qu'il n'existe, sous le rapport

de l'ovule, aucune différence digne d'être remarquée entre les Asclépiadées et les Apocynées. »

Cette conclusion est loin d'être applicable à toutes les Asclépiadées, et en ce qui concerne le Dompte-venin il n'est pas un passage de la description précédente qui puisse lui convenir. Par conséquent je crois devoir exposer complètement le mode de formation du sac embryonnaire ainsi que la structure de l'ovule.

Formation du sac embryonnaire. — L'ovule provient du cloisonnement des cellules sous-épidermiques du placenta ; ces cellules forment un massif arrondi que l'épiderme recouvre en s'agrandissant par la division radiale de ses éléments. Au début, le mamelon ovulaire est formé de cellules entre lesquelles on ne peut constater aucune différence (fig. 46). Quand leur nombre s'élève à quinze environ, la cellule sous-épidermique placée dans l'axe du mamelon grandit beaucoup, son protoplasma devient plus dense, plus réfringent, son noyau grossit aussi et sa substance chromatique condensée forme en son centre une tache régulièrement arrondie qui se colore fortement par l'hématoxyline. Cet aspect du noyau est assez différent de celui que présentent les noyaux voisins où la substance chromatique se montre presque toujours fragmentée, car ils restent peu au repos.

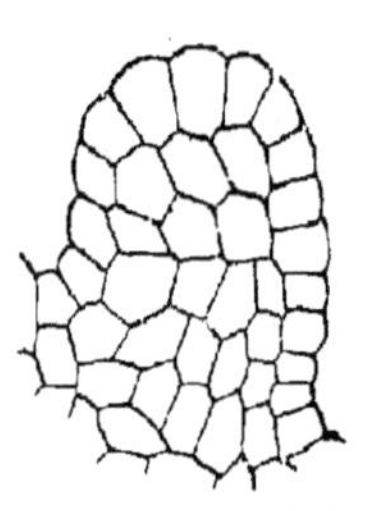
Fig. 46. — Coupe longitudinale d'un ovule au début de sa formation.

Cette cellule est dès lors très facile à distinguer de toutes
les autres. Elle acquiert peu à peu une taille double de
celle des cellules voisines, son noyau prend des dimensions
correspondantes (*m*, fig. 47). Elle est toujours située sous
l'épiderme, et au milieu de sa face supérieure elle proémine
donnant un petit prolongement conique qui s'insinue entre les
cellules épidermiques qui la sur-
montent. Cette cellule est la cellule mère du sac embryonnaire.
Sa croissance se poursuivant,
son protoplasma se creuse de
vacuoles, tandis que son noyau
s'écarte peu de la région centrale. A aucun moment on ne
peut constater la moindre trace

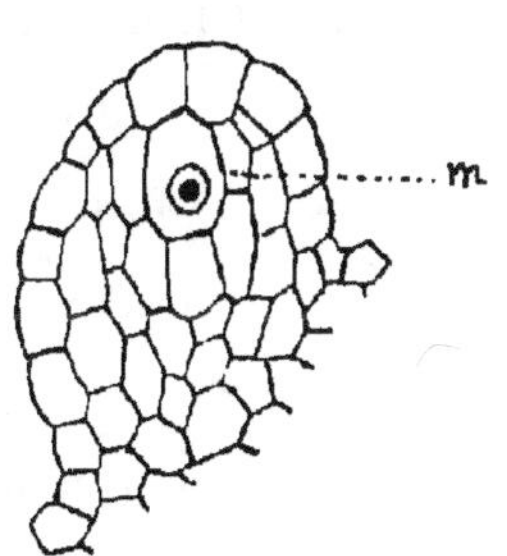

Fig. 47. — Coupe longitudinale d'un
ovule un peu plus âgé que celui
représenté fig. 46. *m*, cellule mère
du sac embryonnaire.

de cloisonnement, et la cellule sous-épidermique d'abord
semblable à ses voisines s'est ainsi transformée directement
en sac embryonnaire.

Cette transformation directe est un fait assez rare. Elle a
été signalée d'abord par MM. Treub et Mellink [1], dans
le *Lilium*, le *Tulipa* puis par M. Guignard dans le *Fritilla-
ria*, mais jusqu'ici on ne l'avait pas rencontrée parmi les
Dicotylédones.

Quand la cellule mère a atteint une longueur égale à

<hr>

[1] *Notice sur le développement du sac embryonnaire chez quelques Angiospermes.* Arch. néerlandaises, t. XV, 1880.

quatre fois environ celle des cellules voisines, son noyau entre en division. La masse chromatique centrale paraît se fragmenter, les segments chromatiques qui en proviennent forment une plaque nucléaire, et après les divers stades karyokinétiques ordinaires on a deux noyaux à l'intérieur de la cellule mère qui est devenue le sac embryonnaire sans aucune apparition de cloison (fig. 48). Ces deux noyaux

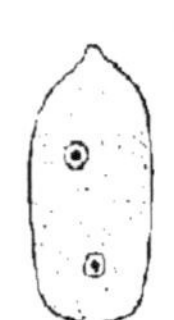

Fig. 48. — Cellule mère du sac embryonnaire possédant deux noyaux.

s'écartent peu à peu l'un de l'autre, puis, quand ils sont arrivés à une petite distance des extrémités du sac, ils entrent à leur tour en voie de division (fig. 49). A propos de la division des noyaux du sac, il convient de signaler la réduction du nombre des

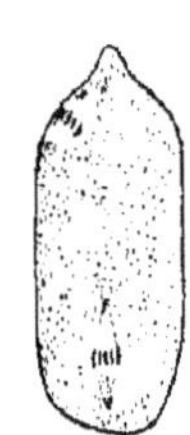

Fig. 49. — Cellule mère du sac embryonnaire montrant ses deux noyaux en voie de division.

segments chromatiques. Cette réduction frappe les noyaux femelles comme les noyaux mâles, ainsi que l'a montré M. Guignard[1] en établissant que cette réduction est exactement de moitié dans les deux cas.

Or, il me faut répéter ce que j'ai dit déjà, à savoir : qu'il m'a été impossible de vérifier que dans cette plante cette réduction est bien exactement de moitié, par suite de la difficulté que présente la numération des segments chromatiques des cellules végétatives. Mais cette réduction dans le sac embryonnaire du Dompte-venin est tout à fait compa-

---

[1] *Loc. cit.*, p. 187.

rable à celle qui nous a été offerte par la cellule mère des grains de pollen, et, quand on observe côte à côte des noyaux en division appartenant les uns au sac embryonnaire, et les autres aux cellules somatiques, cette réduction est très frappante.

Bien que les deux noyaux soient très éloignés l'un de l'autre au moment où ils entrent en voie de division, et paraissent, par conséquent, complètement indépendants entre eux, on constate que les mêmes stades de la karyokinèse se produisent toujours pour tous les deux au même moment. L'orientation du fuseau nucléaire paraît n'avoir pas une constance absolue ; ce dernier est cependant généralement disposé de telle sorte que son axe soit un peu incliné par rapport à l'axe du sac. Quand ces noyaux primaires commencent à se diviser, le noyau supérieur est généralement plus près du sommet du sac, que l'autre ne l'est de l'extrémité opposée.

Les quatre noyaux secondaires issus de cette division, et placés deux par deux à chaque extrémité du sac s'écartent peu entre eux ; les deux inférieurs cheminent pour se rapprocher de l'extrémité correspondante du sac, mais ils se déplacent ensemble et par conséquent demeurent également écartés l'un de l'autre. Pendant les divisions nucléaires précédentes, le protoplasma du sac se creuse de vacuoles, dont quelques-unes peuvent être très grandes. Les quatre noyaux secondaires se divisent à leur tour présentant entre

eux la même simultanéité dans leur évolution. Les deux
fuseaux nucléaires les plus rapprochés des extrémités du
sac ont leur axe dirigé transversalement (fig. 51) par rapport à l'axe du sac, tandis que les deux autres ont le leur
sensiblement parallèle à ce dernier.

Nous avons à présent huit noyaux tertiaires disposés en
deux tétrades. Autour des trois
noyaux les plus voisins de l'extrémité du sac, dans chaque tétrade,
le protoplasma se condense et s'entoure d'une membrane mince, ce
qui forme autant de cellules. Les
deux autres noyaux polaires, au
lieu de rester en place comme les précédents,
se déplacent l'un vers l'autre, mais l'inférieur
fait toujours un peu plus de chemin que l'autre, et ils arrivent bientôt en contact un peu au-dessus du centre du sac.
Il est fréquent de constater alors une déformation de chacun
de ces deux noyaux; ils prennent souvent une forme allongée irrégulièrement, paraissant se pénétrer réciproquement
plus ou moins. D'autres fois on les voit s'accoler et se fusionner ensuite peu à peu, sans offrir de variation de forme
du contour, dans la portion de celui-ci qui est opposée au
point de contact. Leur position réciproque varie aussi : tantôt c'est directement en superposition qu'ils s'accolent,
quelquefois c'est un peu obliquement par rapport à l'axe

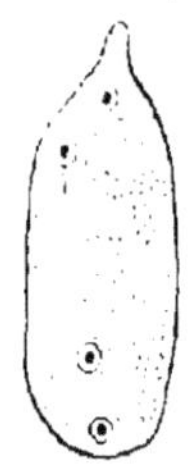

Fig. 50. — Sac
embryonnaire
possédant qua-
tre noyaux.

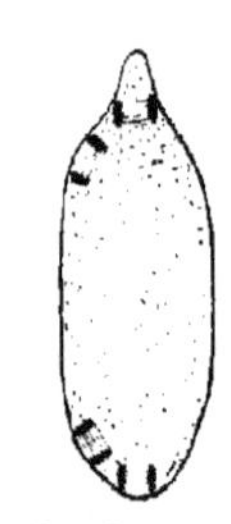

Fig. 51. — Sac
embryonnaire
montrant les
quatre noyaux
en voie de di-
vision.

du sac et même on peut les voir s'accoler côte à côte se trouvant situés tous les deux à la même hauteur.

Ce qui se fusionne tout d'abord, ce sont les deux hyaloplasmas. On sait, d'après les belles recherches de M. Guignard publiées tout récemment [1], que cette fusion est elle-même précédée de celle des sphères directrices.

J'ai multiplié les tentatives pour mettre ces sphères en évidence dans le Dompte-venin, je ne puis constater que mon insuccès. Je suis loin d'en conclure que les sphères directrices n'existent pas dans cette plante. En effet, si l'on tient compte de ce fait que les éléments cellulaires sont particulièrement petits dans cette espèce et, d'autre part, qu'il faut le plus souvent, pour déceler ces sphères dans les tissus les plus favorables à leur étude, des procédés de fixation spéciaux, on sera peu étonné de ce résultat négatif. Les matériaux qui m'ont servi dans ces recherches ont été recueillis, comme je l'ai dit plus haut, quelques-uns il y a six mois, la plupart il y a dix-huit mois ou davantage, par conséquent longtemps avant que fussent connus les procédés indiqués par M. Guignard.

La fusion des hyaloplasmas se fait complètement, leur masse fusionnée revêtue d'une membrane continue est de forme sphérique assez régulière.

Après cette fusion, on peut encore voir pendant un cer-

---

[1] Compt. rend. Acad. des scien., *Sur l'existence des « Sphères attractives »
dans les cellules végétales*, 9 mars 1891, et Ann. des scien. nat., t. XIV, VII⁰ série.

tain temps les deux masses chromatiques distinctes et séparées complètement l'une de l'autre.

Mais bientôt elles se fusionnent à leur tour. Le noyau
résultant de cette fusion des deux noyaux polaires a un
volume un peu supérieur à celui de l'un de ces derniers,
mais évidemment inférieur à la somme des volumes de ces
deux noyaux considérés isolément ; ce qui semble indiquer
non seulement une simple fusion, mais encore une véritable
combinaison.

Ce noyau secondaire du sac embryonnaire acquiert
ainsi des propriétés génératrices spéciales, c'est lui qui,
comme on sait, va produire l'albumen, mais seulement
après être resté en repos pendant un temps plus ou moins
long.

Pendant ce temps, diverses modifications se produisent
à l'intérieur du sac. Les cellules inférieures ou antipodes
prennent la forme de tétraèdres dont deux faces sont curvi-
lignes et dont les deux autres sont planes. Ces antipodes sont
placées à la base du sac ; elles se touchent par leurs faces
planes étroitement accolées l'une à l'autre, une de leurs
faces convexes correspond à la paroi du sac, l'autre est
libre et regarde vers le centre de ce dernier.

Dans la plupart des cas, ces cellules sont ainsi très
régulièrement enchâssées à la base du sac, mais il peut
arriver que l'une d'elles se trouve à un niveau un peu supérieur à celui des deux autres. Les antipodes demeurent

longtemps dans cet état sans qu'on puisse constater de changements notables dans leur constitution.

Les trois cellules supérieures offrent une disposition analogue à celle des antipodes ; toutefois elle est un peu moins régulière, et leur forme différente est susceptible de variations assez grandes. Le sommet du sac au lieu de rester large s'est allongé notablement en se rétrécissant beaucoup en forme de col. Ces cellules sont donc obligées pour pouvoir se loger dans ce col de se rétrécir elles-mêmes en s'allongeant plus ou moins.

Parfois les deux cellules provenant du fuseau transversal supérieur occupent la plus grande partie du sommet, alors la troisième cellule ne pouvant trouver vers le haut un espace suffisant descend au-dessous des deux autres ; dans ce cas on peut distinguer par la situation les synergides et l'oosphère.

Mais le plus souvent, la cellule née du fuseau vertical se place à côté des deux autres au sommet du sac, et ne descend pas au-dessous d'elles. Comme, d'autre part, leur taille et leur aspect sont peu différents, il en résulte qu'on ne saurait plus distinguer avec certitude l'oosphère des deux synergides. Sur les coupes menées à travers le sommet du sac dans un plan perpendiculaire à son axe, on voit ces trois cellules présenter la même taille et le même contour, leurs noyaux se trouvent aux trois sommets d'un triangle équilatéral, et, si parfois l'un d'eux présente des caractères un peu différents, ces différences sont toujours fort peu accusées. Chacun de ces noyaux est formé de douze segments chromatiques, par conséquent chacun d'eux possède un nombre de segments égal à celui des noyaux générateurs du grain de pollen.

Telle est la structure du sac embryonnaire avant la fécondation ; mais, pendant que cette structure s'établit, des changements qui modifient l'aspect de l'ovule se produisent hors de lui. Vers le moment où la cellule mère du sac commence à se différencier, les cellules épidermiques et surtout celles qui avoisinent le sommet du mamelon ovulaire se mettent à se diviser, et se cloisonnent tangentiellement ; les cellules sous-jacentes se divisent aussi, et cette succession de cloisonnement aboutit à la formation d'une couche de parenchyme homogène. Cette couche entoure le sac embryonnaire et lui forme un revêtement protecteur très épais. Au point de vue physiologique l'ovule du Dompte-venin se comporte donc comme la plupart des ovules des autres Angiospermes, mais au point de vue morphologique il en diffère notablement. En effet, l'épiderme du mamelon très jeune ne se recouvre jamais en un point quelconque de sa surface ; il ne se forme pas de tégument. Cet épiderme ne se détruit pas davantage, ainsi qu'on l'admettait d'après M. Vesque ; au contraire il se cloisonne et par son développement il contribue à accroître l'épaisseur du tissu tout à fait homogène qui entoure le sac embryonnaire.

Aucune autre différenciation ne se montre dans les tissus de l'ovule. Si l'on accepte la définition employée par Warming [1] pour caractériser le nucelle, on sera donc conduit à dire que dans l'ovule du Dompte-venin le nucelle est réduit à une seule cellule sous-épidermique qui d'ailleurs sans, se cloisonner, devient le sac embryonnaire. Dans cette plante le nucelle et le sac embryonnaire sont donc absolument une seule et même chose.

Nous avons déjà dit que le sac embryonnaire se prolongeait au milieu de sa face supérieure en un petit prolongement conique s'insinuant entre les quatre cellules épidermiques qui le surmontent. Ce prolongement s'accentuant peu à peu, ces cellules épidermiques s'écartent les unes des autres pour lui livrer passage. De leur écartement naît un petit espace qui est le point de départ du canal micropylaire. En se multipliant

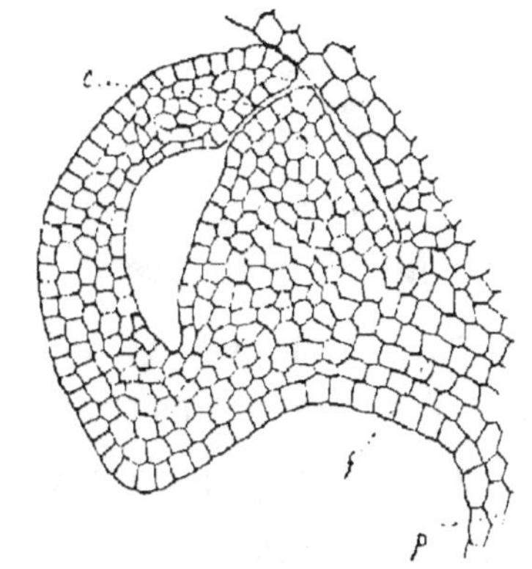

Fig. 52. — Coupe longitudinale d'un ovule. *c*, canal micropylaire ; *p*, placenta ; *f*, funicule.

[1] *Loc. cit.*

ensuite, les cellules voisines se développent de telle sorte que ce petit espace subsiste au-dessus du sac ; au fur et à mesure que leur nombre s'accroît, sa profondeur augmente de telle sorte, qu'il constitue bientôt un petit canal étroit et très long (*c*, fig. 52). A sa partie supérieure ce canal s'élargit et les bords arrondis qui le limitent s'écartent de façon à ménager une ouverture évasée. Quand on constate les premiers développements de ce canal micropylaire, on ne peut s'empêcher d'être frappé de l'analogie qui semble exister avec la formation du col de l'archégone des Cryptogames vasculaires. Cette particularité n'est certainement pas l'une des moins curieuses que nous offre cette plante.

Nous connaissons à présent la structure complète de l'ovule avant la fécondation ; nous savons d'autre part comment est constitué le pollen, il nous reste donc à étudier de quelle façon les éléments sexuels agissent l'un sur l'autre. Comme l'élément femelle demeure immobile à l'intérieur de l'ovule, et que l'élément mâle en est très éloigné, il convient auparavant de rechercher par quelle voie le grain de pollen arrive au contact du sac embryonnaire. Ce transport de l'élément mâle vers l'élément femelle est ce qui constitue la pollinisation.

DE LA POLLINISATION

Le pollen arrivé à maturité est susceptible de germer
toutes les fois qu'il est placé à l'air dans des conditions
d'humidité et de température convenables. Dans la plupart
des Phanérogames le pollen étant sous la forme de grains
isolés très petits tombe de lui-même lors de la déhiscence
de l'anthère, ou est entraîné par le vent, la pluie ou les
insectes. Dans ces divers cas il peut arriver sur le stigmate
où il trouve les conditions nécessaires à sa germination.

Mais ici nous savons que les grains de pollen sont réunis
en une masse relativement considérable, laquelle est réunie
à une seconde masse semblable par un appareil spécial.
Étant donnée la disposition des parties, cet appareil pollinique
ne saurait tomber de lui-même. Il faut donc ou bien qu'il
soit déjà en contact avec le stigmate, ou qu'il y soit porté
par le vent, la pluie ou les insectes.

Les anciens auteurs émirent plusieurs hypothèses au
sujet du pollen des Asclépiadées. R. Brown [1], reprenant une
idée déjà émise par de Jussieu dans son *Genera*, suppose

[1] *Essay on Asclepiadeæ*, Trans. Werner, t. I, p. 19, 1809.

que c'est par le moyen des caudicules qu'une communication est établie entre les masses polliniques et le stigmate, et que la fécondation s'opère.

Treviranus [1] dit que les Asclépiadées diffèrent de toutes les autres Phanérogames et même des Orchidées en ce que le liquide fécondant est transmis au stigmate, non pas immédiatement, mais par un corps intermédiaire, et peut-être sans le concours de l'air.

Il ajoute [2] que c'est un fait digne de remarque que, lorsqu'on enlève au moment de la fécondation un de ces corps (rétinacles), on trouve sous lui dans la cavité qu'il occupait un liquide, tandis qu'on n'en voit aucune trace sur le reste de la surface interne du stigmate.

Brongniart [3] croit que les appendices (caudicules) sont destinés à transmettre dans le sac pollinique, au moment où la fécondation doit s'opérer, une humeur sécrétée par les petites fossettes du stigmate dans lesquelles sont fixés les corps noirs (rétinacles) qui réunissent ces appendices.

Les auteurs précédents ne cherchent qu'à expliquer la germination sur place des grains de pollen. Il en est de même de Schleiden, qui après Brongniart figure des masses polliniques encore enfermées dans leurs loges envoyant à l'intérieur du pistil leurs tubes polliniques.

Mais depuis on a émis des hypothèses fort différentes.

[1] *Zeitschrift für Physiologie*, t. II, p. 230.
[2] *Zeitschrift für Physiologie*, p. 248.
[3] Ann. scienc. nat., 1831, t. XXIV, p. 273.

En présence de la stérilité de certaines Orchidées exotiques cultivées dans les serres d'Europe, on fut conduit à penser que l'intervention des insectes était indispensable à la pollinisation de ces plantes. On alla même jusqu'à désigner quelle est l'espèce d'insecte qui est nécessaire pour la pollinisation d'une plante déterminée. De très nombreuses expériences ont été faites dans ces derniers temps, quelques-unes en particulier sur le Dompte-venin qui nous occupe; il en résulterait, d'après H. Müller[1], que c'est par la trompe de petites mouches que cette pollinisation serait effectuée.

Mais, après que les avantages de la fécondation croisée eurent été reconnus, on alla plus loin, on ne se contenta plus d'invoquer l'intervention des insectes pour faciliter la pollinisation, on déclara que seule elle pouvait permettre le passage de l'appareil pollinique d'une fleur sur une autre. Or, comme d'après leurs expériences Hildebrandt, Delpino, etc., tendent à penser que chez ces plantes le pollen d'une fleur est incapable de féconder cette même fleur, et que la fécondation croisée est indispensable, l'hypothèse de Jussieu, R. Brown, etc., deviendrait donc sans intérêt. Corry, qui a étudié la pollinisation dans l'*Asclepias Cornuti*[2], confirme les résultats de Müller.

Il est bien évident qu'on doit accepter les résultats expérimentaux, et que, quand des fleurs « isolées » demeurent

---

[1] *Befruchtungen der Blumen durch Insekten*, 1873, p. 337.
[2] *Loc. cit.*

toujours stériles, alors que les fleurs voisines laissées à l'air libre sont fécondées, il est naturel d'admettre que dans ces fleurs le croisement est indispensable à la fécondation. Mais je crois qu'on a généralisé trop hâtivement ; en ce qui concerne le Dompte-venin (*V. officinale*), notamment, je pense que le croisement n'est que le cas accidentel. Mon opinion est basée sur ce fait que j'ai trouvé exceptionnellement des masses polliniques germant dans les chambres stigmatiques, tandis que dans le nombre considérable de fleurs que j'ai examinées les masses polliniques germaient en restant à l'intérieur des loges. L'étude incomplète de la fleur des Asclépiadées a probablement contribué à rendre méconnu le pouvoir que ces fleurs ont de se féconder elles-mêmes. Il semble en effet que les loges polliniques de ces fleurs soient disposées de telle sorte qu'elles ne puissent communiquer avec les portions stigmatiques du pistil. C'est la conclusion à laquelle Corry est arrivé. Je n'ai point étudié l'*Asclepias Cornuti*, par conséquent je ne puis contredire cette conclusion, mais il suffit de se rappeler ce que nous avons dit de la structure de la fleur du Dompte-venin pour voir qu'il en est tout autrement pour elle. Les détails dans lesquels nous sommes entré nous permettent de saisir aisément les diverses voies qui peuvent conduire les tubes polliniques sur les papilles stigmatiques.

Dans le cas normal, les tubes polliniques sortent du sac

pollinique par sa partie supérieure, suivent la face inférieure du caudicule, et arrivent ainsi à la partie supérieure
de la chambre stigmatique.

Dans le cas moins fréquent où la fécondation est croisée,
les masses polliniques apportées par les insectes doivent
pénétrer dans les chambres stigmatiques. Or, pour que
cette pénétration puisse s'effectuer, il faut que l'appareil
pollinique de la fleur considérée ait été enlevé auparavant,
car le rétinacle ferme presque complètement l'ouverture
supérieure de la chambre stigmatique.

Supposons qu'il en soit ainsi, l'appareil apporté ne saurait encore être introduit tel quel dans cette ouverture; il
est indispensable qu'il ait été brisé, car seule une masse
pollinique détachée du caudicule peut s'y loger. Il y a
donc du fait de la petitesse de l'ouverture et de la disposition même des parties constituant l'appareil pollinique un
obstacle véritable qui rend difficile l'accès direct de la
chambre stigmatique.

Les chambres staminales s'ouvrent en dehors des
précédentes par des fentes beaucoup plus larges. Elles sont
donc beaucoup plus accessibles, et en outre il est indiffé-
rent que l'appareil pollinique soit ou non demeuré en
place dans la fleur considérée.

Il y a donc des chances beaucoup plus grandes en faveur
de la pénétration des masses polliniques dans ces secondes
chambres. Mais celles-ci constituent des espaces peu favo-

rables à la germination du pollen. L'épiderme qui les tapisse est peu différencié; toutefois elles communiquent ainsi que nous l'avons établi, avec les chambres stigmatiques par une étroite fente ménagée au-dessous des ailes des anthères. Les tubes polliniques développés dans leur intérieur peuvent donc aussi arriver sur les papilles stigmatiques.

On le voit, l'organisation florale du Dompte-venin est telle que la pollinisation peut se produire de plusieurs manières. Enfin, il est encore une disposition qui peut être interprétée dans ce sens. Je veux parler des expansions membraneuses qui surmontent les anthères; elles forment au-dessus de la face supérieure du disque un petit toit au-dessous duquel les tubes polliniques peuvent venir se placer en sortant des pollinies restées dans les loges.

Ceux-ci ainsi protégés peuvent arriver jusqu'à la dépression centrale du disque. Ce trajet ainsi ménagé semble le plus court, et si j'ajoute que dans le *V. medium* la dépression centrale du disque est très profonde et tapissée de cellules d'apparence stigmatique, on pourra facilement admettre que ce point est peut-être le véritable stigmate.

Je dois cependant déclarer que, si j'ai souvent rencontré des tubes polliniques sous les prolongements membraneux terminaux des étamines, je n'en ai point trouvé qui aient pénétré dans le disque par son infundibulum.

En résumé, la fécondation croisée ne semble pas beaucoup favorisée par la disposition des divers organes floraux du Dompte-venin. L'intervention des insectes peut être utile à la reproduction, mais il n'en résulte pas nécessairement qu'elle produise la fécondation croisée, car il doit arriver fort souvent que ces insectes font tomber dans la chambre stigmatique correspondante la masse pollinique qu'ils déplacent. Il est même plus naturel d'admettre que dans la plupart des cas il y a ainsi déplacement des masses polliniques dans une même fleur, et non point véritable transport. L'appareil pollinique est d'ailleurs une charge qui doit gêner les petites mouches, et de ce que l'on trouve des insectes dont les pattes sont chargées de ces fardeaux il y a peut-être une exagération à les considérer comme des porteurs chargés d'une fonction. On pourrait avec la même exagération dans le sens opposé partir de ce fait que l'on trouve souvent des pattes d'insectes qui n'ont pu se dégager, emprisonnées dans les rétinacles, pour dire que ces organes ont pour but de servir de piège aux insectes.

Quoi qu'il en soit de la situation de la masse pollinique avant la germination des grains de pollen, les phénomènes sont toujours les mêmes. Le sac pollinique se rompt suivant une portion de sa longueur sous l'influence du liquide sécrété par les cellules stigmatiques, que ce liquide le baigne immédiatement ou qu'il lui arrive à l'intérieur des

loges polliniques. A ce moment, chaque grain de pollen
pousse un prolongement de sa membrane interne qui sort
par cette fente. Ce sont les grains les plus voisins de
l'ouverture qui sortent les premiers; ensuite les autres
insinuent leurs tubes entre les parois des grains en partie

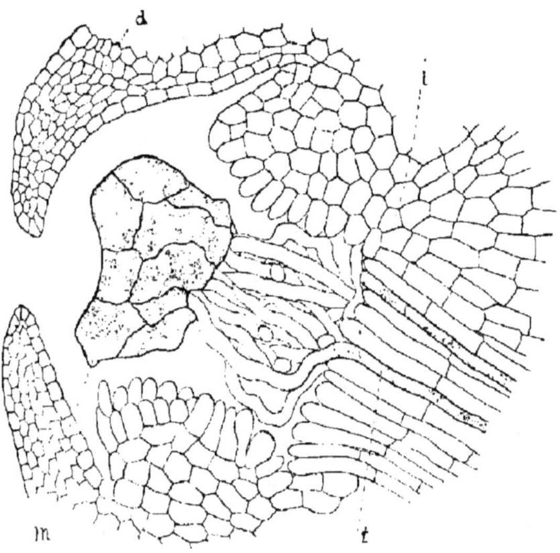

Fig. 53. — Coupe transversale passant par la base du disque stigmatifère ; *n*, aile de l'anthère ; *i*,
région de soudure du disque et de l'anthère. *m*. pollinie située dans la chambre stigmatique
et dont les tubes polliniques *t* pénètrent à l'intérieur du tissu conducteur du disque.

vidés qui cèdent facilement sous leur pression. Toutefois
il peut y avoir quelque irrégularité dans cet ordre de germination du pollen. Tel grain placé plus près de la fente,
soit contre la paroi, soit vers l'intérieur, peut n'avoir
encore formé aucune saillie de son intine, alors que tel
autre grain situé contre la paroi opposée aura produit un
tube qui sera déjà hors du sac, et même dont l'extrémité

sera parvenue au dehors de la loge pollinique. Chaque tube atteint tout d'abord le diamètre qu'il gardera dans la suite, car il est cylindrique dans toute sa longueur au moins tant qu'il progresse dans un espace suffisamment large pour que son développement ne soit pas gêné. Ce tube suit un trajet différent suivant le lieu où se trouve la masse pollinique d'où il provient, mais en définitive il parvient sur la papille stigmatique, s'enfonce entre ses cellules, et suivant le tissu conducteur arrive au style, de la cavité duquel, il ga-gne la cavité ovarienne. Il descend dans cette ca-vité en cheminant entre les cellules du placenta dont les extrémités sont

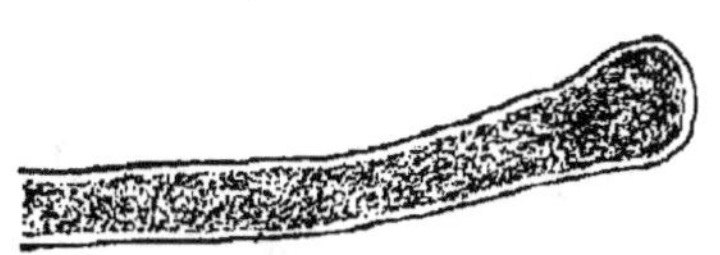

Fig. 54. — Extrémité d'un tube pollinique en ger-mination.

arrondies et saillantes et qui constituent une continuation du tissu conducteur. De cette surface il passe sur le funi-cule qui le conduit vers l'ouverture du canal micropylaire à l'intérieur duquel il s'engage.

A mesure que le tube s'allonge, le grain de pollen se vide, car son contenu se précipite dans le tube (fig. 54), et quand ce dernier a acquis une longueur suffisante, il y passe tout entier et le grain demeure complètement vide. Ce contenu chemine à l'intérieur du tube, en suivant celui-ci dans son parcours, mais, tandis qu'il demeure très dense vers son extrémité, il devient de plus en plus vacuolaire à mesure qu'on s'éloigne de cette extrémité, et deci, delà, on peut trouver de petites portions de ce contenu qui restent adhérentes à la paroi sous forme de grumeaux irréguliers.

La substance qui se trouve à l'extrémité du tube se colore très énergiquement par l'hématoxyline, celle qui est en arrière se colore moins fortement, et d'autant moins qu'elle est plus en arrière.

N'ayant pu en temps utile suivre à l'aide de germinations artificielles les changements qui se produisent à l'intérieur du tube, je ne puis dire à quel moment le ou les noyaux générateurs entrent en division, et comment ils se comportent. Les tubes polliniques que j'ai pu observer à l'intérieur de l'ovaire présentent une coloration si intense de leur contenu, qu'il est bien difficile d'y distinguer autre chose que des granulations parfois accumulées suivant certaines plages peu étendues. Toutefois dans quelques cas, et à l'aide du violet de gentiane, j'ai pu distinguer jusqu'à quatre et cinq corps allongés à contour irrégulier qui par une coloration foncée tranchaient sur le fond moins coloré de la masse. Ces corps représentaient probablement les noyaux générateurs.

Parvenu dans le canal micropylaire, le tube pollinique se rétrécit beaucoup pour cheminer à son intérieur; aussi les modifications que son contenu peut présenter à ce moment sont-elles fort difficiles à apprécier.

DE LA FÉCONDATION

Le tube pollinique arrive ainsi au fond du canal micropylaire où le sommet du sac embryonnaire se trouve à
nu, ainsi que nous l'avons indiqué. Il s'avance vers l'intérieur du sac sans refouler devant lui aucune membrane,
ce qui paraît indiquer que la paroi du sac ramollie cède
sans offrir beaucoup de résistance. Dans certains cas, le
tube ne semble pas se prolonger à l'intérieur du sac, et
son contenu seul paraît y pénétrer en diffluant ; dans
d'autres cas, au contraire, on voit très nettement sa paroi
pénétrer à une assez grande distance, limitant la substance
génératrice, qui a un contour moins irrégulier que dans
les cas précédents. Cette substance très fortement colorée
présente une portion plus sombre qui est le noyau. Ce
noyau de forme irrégulière sans contour bien net ne tarde
pas à pénétrer à l'intérieur de celle des trois cellules qui
représente l'oosphère, et se fusionne avec le noyau de cette
dernière. Mais outre ce noyau mâle l'oosphère reçoit
encore une certaine portion de la substance génératrice
qui entoure celui-ci. Je n'ai pas pu résoudre en ses

éléments intimes cette portion de la cellule mâle qui concourt à la fécondation. Il est évident, d'après les récents travaux de M. Guignard, qu'elle comprend les sphères attractives, mais son volume est tel qu'il doit renfermer en outre une certaine quantité de protoplasma voisin. L'oosphère après la fécondation n'augmente pas de volume d'une façon bien sensible, seulement elle s'arrondit et acquiert une membrane d'enveloppe plus épaisse. Son noyau grossit un peu et se distingue facilement à présent des noyaux des synergides. Elle est devenue un œuf (o, fig. 55).

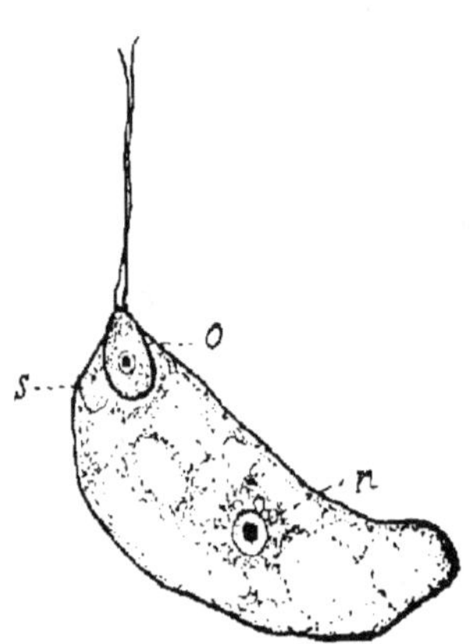

Fig. 55. — Sac embryonnaire après la fécondation. o. œuf ; s, synergide ; n, noyau secondaire du sac.

La portion de la substance pollinique qui n'a pas pénétré dans le sac embryonnaire reste dans le tube à l'intérieur du canal micropylaire et même au dehors de ce canal sur une étendue variable. Mais elle ne tarde pas ensuite à disparaître ainsi que le tube pollinique lui-même. C'est dans le canal micropylaire que les restes de cet organe persistent le plus longtemps sous forme d'une traînée de coloration très foncée qui indique nettement la direction de ce canal.

L'évolution des synergides n'est pas facile à suivre. Elle n'est d'ailleurs pas la même dans tous les cas. Tantôt la substance génératrice mâle les recouvre, et par son opacité empêche de distinguer même leurs noyaux. Alors on peut supposer qu'elles ont disparu au moment de la pénétration de l'élément mâle, et c'est sans doute la cause qui a fait admettre pendant longtemps que dans les plantes les synergides servaient d'intermédiaire entre le noyau générateur et l'oosphère. D'autres fois, au contraire, on les aperçoit encore très nettement après que le noyau mâle a pénétré dans l'oosphère.

Dans le Dompte-venin, cette persistance des synergides est susceptible d'une interprétation particulière, car, ainsi que nous le verrons tout à l'heure, elles peuvent jouer un rôle actif, et dans ce cas leur persistance s'explique par l'existence même de ce rôle. Toutefois, comme on constate leur persistance dans la majorité des cas, et qu'elles ne jouent de rôle actif que dans un nombre de cas beaucoup moindre, il y a lieu d'admettre que la disparition de ces synergides ne se fait que quelque temps après la fécondation.

L'œuf placé au sommet du sac embryonnaire, généralement dans son axe, est limité en haut par une membrane qui semble fermer en même temps le sommet du sac. D'abord sphérique, il s'allonge peu à peu dans la direction de l'axe du sac, mais avant que cet allongement soit très marqué, son noyau entre en division, et il se fait une cloison transversale qui le sépare en deux cellules placées l'une au-dessus de l'autre. Mais, avant de poursuivre plus loin le développement de l'œuf en embryon, il convient de signaler les autres changements qui se sont produits pendant le même temps à l'intérieur du sac embryonnaire.

Le noyau secondaire du sac provenant de la fusion des deux noyaux polaires est demeuré dans la région centrale ; autour de lui se sont formés de nombreux grains d'amidon. Ces grains sphériques d'égale grosseur se disposent souvent autour du noyau de façon à lui former une auréole qui frappe par la régularité très grande qui semble présider à leur arrangement. Le protoplasma se creuse de vacuoles à mesure que le sac grandit.

Les antipodes entrent en voie de dégénérescence, leur membrane, d'abord bien distincte, disparaît, leur noyau se colore de plus en plus faiblement par les réactifs, enfin bientôt elles disparaissent complètement. Mais cette disparition n'est pas absolument simultanée. Elle précède la division du noyau secondaire, et même d'ordinaire la fécondation, mais il n'y a là rien d'absolu, et l'on peut voir subsister encore l'une de ces cellules avec une intégrité en apparence complète après la fécondation (fig. 56).

C'est très peu de temps après la pénétration du tube pollinique dans le sac embryonnaire que le noyau secondaire commence à se diviser. Ses divisions successives se font assez rapidement, et l'on a bientôt huit noyaux d'albumen disposés tout autour du sac et assez régulièrement espacés. Les fuseaux nucléaires sont plus gros que ceux des cellules somatiques, mais le nombre des segments chromatiques est très vraisemblablement le même. A partir de ce moment, le nombre des noyaux de l'albumen s'accroît très vite, et des cloisons apparaissent. Ces cloisons d'abord en petit nombre partagent le sac en plusieurs grandes cellules contenant chacune un certain nombre de noyaux.

Nous venons de décrire le cas qui semble le plus fréquent dans le *V. officinale ;* mais souvent les choses se compliquent un peu par la formation de plusieurs embryons dans le même sac embryonnaire.

DE LA POLYEMBRYONIE [1]

Les synergides ne se détruisent pas immédiatement après le passage du tube pollinique ; il peut arriver même qu'elles ne disparaissent pas toutes les deux et que l'une d'entre elles se transforme en œuf après avoir été fécondée (fig. 56).

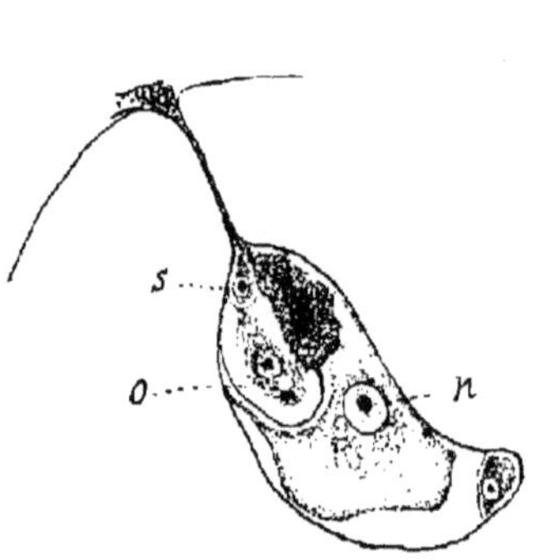

Fig. 56. — Sac embryonnaire du *V. medium*, pendant la fécondation. o. œuf ; s, synergide non encore fécondée ; n. noyau secondaire. A droite, la seconde synergide en voie de fécondation forme avec la substance génératrice une masse de coloration très foncée.

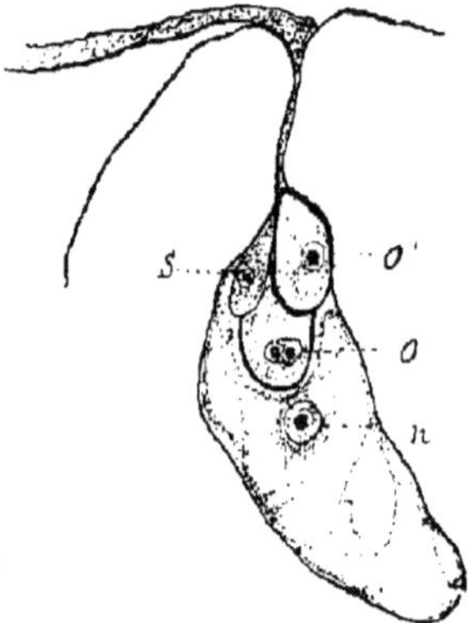

Fig. 57. — Sac embryonnaire. Dans le canal micropylaire on voit le tube pollinique. o. œuf issu de l'oosphère ; o', œuf issu d'une synergide ; s, l'autre synergide non encore fécondée ; n, noyau secondaire du sac.

Cet œuf est situé au sommet du sac (o', fig. 57) ; en se développant, il repousse latéralement l'œuf issu de l'oosphère.

[1] *Sur la fécondation dans les cas de Polyembryonie*. Comp. Rend. Acad. sc. 29 février 1891.

Nous n'avons pas cherché à indiquer quelle est celle des deux synergides qui est fécondée ; il n'y a pas en effet de distinction à établir sur ce point, car les deux synergides s'équivalent exactement, et c'est tantôt celle d'un côté, tantôt celle de l'autre côté qui reçoit l'imprégnation de la substance mâle. Ce qui montre mieux encore cette équivalence, c'est que l'on peut rencontrer des ovules dans lesquels les deux synergides sont fécondées. On a alors au sommet du sac trois œufs provenant de la fécondation des trois cellules femelles. D'où viennent les trois noyaux générateurs ?

Nous avons vu que certains grains de pollen avant la germination possédaient trois noyaux. On sera peut-être tenté de penser que dans le Dompte-venin, si l'on trouve ainsi trois noyaux dans le grain de pollen, cela résulte simplement de ce fait, que la division est avancée et se fait à l'intérieur du grain au lieu de se faire plus tard dans le tube pollinique. Toutefois je ferai remarquer que quelques grains seulement possèdent ainsi trois noyaux. Or, si la division du noyau générateur était ainsi avancée pour certaines cellules, on ne comprendrait guère qu'elle ne le fût pas aussi pour les autres, sachant avec quelle simultanéité s'accomplissent dans une même masse pollinique les phénomènes de la division. Je crois plutôt qu'il convient de voir dans la présence de ces noyaux surnuméraires un fait en rapport avec la polyembryonie que présente cette espèce. Cette manière de voir me semble justifiée par ce que l'on observe dans une plante voisine appartenant au même genre.

Si l'on examine en effet le *V. medium*, on trouve le nombre des grains de pollen à trois noyaux plus grand qu'il ne l'est dans l'espèce précédente; or, dans cette plante la polyembryonie est aussi plus fréquente. Elle est même si fréquente qu'elle semble être la règle; c'est rarement que l'on trouve un seul œuf dans le sac embryonnaire du *V. medium*. Quand il y a trois œufs, les phénomènes sont identiques à ceux que nous avons indiqués pour le *V. officinale*: il y a triple fécondation. Mais souvent dans cette plante on trouve plus tard quatre et même parfois cinq embryons en voie de développement. Si l'observation est délicate quand il s'agit d'une triple fécondation, on conçoit qu'elle l'est davantage encore dans les cas où il se forme ainsi et presque simultanément cinq œufs dans un espace très étroit. Les derniers formés de ces œufs sont dans la partie étranglée du sac qui se prolonge dans le canal micropylaire; ils sont disposés là en file l'un au-dessus de l'autre, tandis que les premiers formés, plus gros, se trouvent côte à côte dans la portion évasée du col (fig. 58).

J'ai pu observer ainsi ces œufs aussitôt après la fécondation, mais je n'ai pu constater les divisions qui donnent naissance aux cellules femelles dont ils proviennent. Toutefois je suis porté à admettre que ces cellules dérivent de la division des noyaux placés au sommet du sac.

La polyembryonie peut être due à des causes différentes. Dans les cas signalés par M. Strasburger notamment, elle provient de ce que des cellules du nucelle voisines du sac embryonnaire se cloisonnent et pénètrent à l'intérieur de ce sac devenant autant d'embryons. Il y avait donc à se demander en présence de la polyembryonie offerte par cette plante si elle n'avait pas une origine semblable.

Quand les embryons proviennent de cellules placées hors du sac, cette origine est facile à constater. Or, jamais, quelque nombreuses qu'aient été mes observations, je n'ai pu la rencontrer. J'ai toujours vu les œufs bien reconnaissables comme tels par leur forme et leur structure à l'intérieur de la portion étranglée du sac, et longtemps avant leur allongement et leur cloisonnement. C'est donc bien à l'intérieur du sac qu'ils se forment.

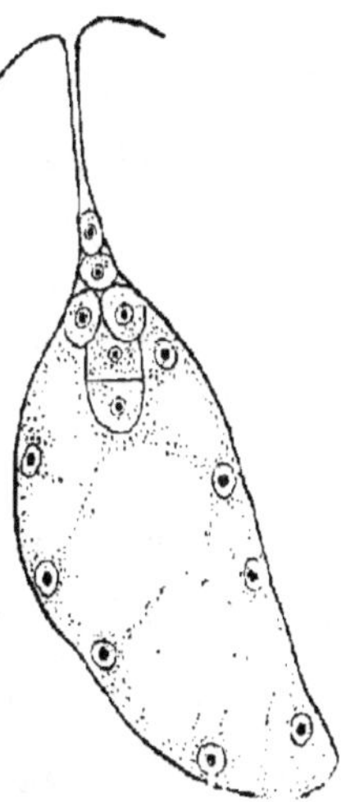

Fig. 58. — Sac embryonnaire du *V. médium* après la fécondation. *e*, embryon formé de deux cellules ; *e'*, œufs non encore cloisonnés, au nombre de quatre ; *n'*, noyaux de l'albumen.

La véritable polyembryonie, c'est-à-dire celle qui provient de la fécondation de l'oosphère et des synergides, a été observée pour la première fois par M. Guignard [1]. Elle

---

[1] *Recherches anatomiques et physiologiques sur l'embryogénie des légumineuses* Ann. des sc. nat., 6ᵉ série, t. XII, p. 36.

a été étudiée récemment par M. Dodel[1] et par M. Overton[2].
Dans les exemples cités par M. Guignard, cette polyembryonie semblait un fait un peu accidentel, en tous cas les
embryons provenant des synergides n'ont jamais atteint
leur complet développement. Ils disparaissaient plus ou
moins tard ou bien se soudaient sur les flancs de l'embryon
issu de l'oosphère qui seul se développait complètement.
Dans les cas étudiés par les deux auteurs suisses, il n'est
question que de la fécondation; les états ultérieurs ne sont
pas indiqués, par conséquent on ignore ce que ces embryons
deviennent.

M. Dodel pense que la fécondation des synergides peut
être due soit à l'entrée des deux noyaux générateurs du
tube pollinique dans le sac embryonnaire, soit à la pénétration simultanée de deux tubes polliniques. Mais il
déclare qu'il compte faire de nouvelles recherches pour
éclaircir ce point.

On ne s'explique pas très bien comment se fait la fécondation dans le cas où les deux noyaux générateurs, par
exemple, pénètrent dans le sac embryonnaire. De quelle
façon se partagent ces deux noyaux pour féconder trois
cellules?

Jusqu'à ces derniers temps on pouvait trouver fort natu-

[1] *Beiträge zur Kenntniss der Befruchtungs. Erscheinungen bei « Iris sibi-
rica »*. Zürich, 1891.
[2] *Beitrag zur Kenntniss der Entwicklung und Vereinigung der Geschlechts-
producte bei « Lilium Martagon »*. Zürich, 1891.

rel qu'une synergide se développât en embryon, puis-
qu'une cellule végétative quelconque est susceptible de
reproduire la plante. Aussi admettait-on, sans se préoccu-
per davantage des conditions dans lesquelles s'effectue
cette action fécondatrice, qu'elle pouvait porter dans certains cas à la fois sur l'oosphère et sur les synergides.
Mais, si l'on réfléchit à la constitution du noyau des synergides, telle que nous la connaissons depuis les beaux travaux de M. Guignard, on voit que ce noyau ne contient
que la moitié des segments chromatiques que possède toute
cellule végétative, et par conséquent l'apport de segments
chromatiques, par un second noyau, s'impose comme une
nécessité.

Dans tous les cas de polyembryonie cités jusqu'ici, l'élément mâle n'a pas été étudié sauf dans l'exemple de M. Dodel
où cette étude est demeurée sans conclusion, ainsi que nous
venons de le dire.

Peut-être l'avortement prématuré des embryons issus de
synergides provient-il de ce que dans les cas indiqués le
nombre des éléments mâles était inférieur à celui des éléments femelles qu'il s'agissait de féconder.

Ce qui distingue de tous les précédents le cas dont nous
nous occupons ici, c'est que les embryons sont susceptibles
de subir leur développement complet. C'est ainsi qu'on peut
trouver dans une graine mûre de *V. medium* trois, quatre,
plus rarement cinq embryons bien distincts.

Leurs dimensions sont souvent inégales, ce qui est dû à l'avance prise par certains d'entre eux ; mais, lorsqu'il n'y en a que deux, ils sont parfois de taille très peu différente. En outre, ces embryons sont susceptibles de germer, comme nous l'avons maintes fois constaté.

Nous avons admis que normalement il se fait une triple fécondation dans le *V. medium*, et que cette fécondation a lieu par fusion deux à deux de trois cellules mâles et de trois cellules femelles d'égale valeur. De même, nous avons admis que quand il y avait formation de quatre ou de cinq œufs, il y avait eu fusion d'un nombre égal de noyaux de sexualité différente, mais de valeur correspondante.

En présence de ces faits, le rôle des synergides nous paraît susceptible d'être interprété autrement qu'il ne l'était jusqu'ici. Par leur origine, ces cellules sont semblables à l'oosphère, elles sont exactement de la même génération ; elles ne s'en distinguent d'ordinaire dans le *V. medium* par aucun caractère. Leur destinée est aussi la même le plus souvent ; ces trois cellules doivent donc être considérées comme trois cellules femelles équivalentes.

Si l'on nous permettait d'exprimer notre pensée, nous dirions volontiers que cette constitution de l'organe femelle nous paraît avoir été la constitution primitive chez les Angiospermes. Chez ces plantes, la polyembryonie aurait existé normalement au début. La multiplication des cellules

sexuelles du *V. medium* montre que le nombre de ces cellules a pu être assez grand ; puis, sous l'influence de per-
fectionnements successifs réalisés surtout aux dépens de la
quantité, le nombre des éléments sexuels a diminué, la
division s'est arrêtée à la troisième génération. Parfois
cependant on peut rencontrer des exemples où une quatrième génération réapparaît, ainsi que le prouvent le
V. medium et sans doute aussi le cas rencontré acciden-
tellement chez un *Acacia* par M. Guignard [1]. La spéciali-
sation se localisant de plus en plus a frappé une seule cellule qui a acquis des propriétés différentes des autres et est
devenue de plus en plus distincte comme oosphère.

Sous une forme libre, on pourrait dire que la plante est
arrivée à ne produire qu'un seul œuf, afin de le produire
mieux. Il est facile de constater que les embryons uniques
sont mieux développés que les embryons jumeaux, et que
ceux-ci le sont d'autant moins qu'ils sont plus nombreux.
Les plantes auxquelles ils donnent naissance présentent
entre elles les mêmes différences.

J'ai toujours eu de meilleurs résultats en cultivant les
plantes nées isolément qu'en essayant de conserver les
plantes jumelles. La suppression de la polyembryonie doit
donc être considérée comme un perfectionnement organique. Cette suppression n'est d'ailleurs pas tellement com-

[1] *Recherches anatomiques et physiologiques sur l'embryogénie des Légumineuses.* Ann. sc. nat., 6° série, t. XII, p. 37.

plète qu'on ne puisse la retrouver, ainsi qu'en témoigne le Dompte-venin. Elle se manifeste d'une façon plus ou moins irrégulière dans les autres cas déjà cités, et probablement encore dans un grand nombre d'autres plantes.

Si l'existence de plusieurs cellules femelles dans le sac embryonnaire du Dompte-venin est incontestable, la pluralité des noyaux mâles est moins bien établie. J'ai pu voir une fois un noyau générateur féconder une synergide, alors que la fécondation de l'oosphère n'était pas encore achevée. Un temps très court avait dû s'écouler entre le moment où ce premier noyau générateur avait pénétré dans l'oosphère, et celui où le second entrait dans la synergide. Or un seul tube pollinique existait dans le canal micropylaire, et aucun vestige d'un second tube n'a pu être mis en évidence. Ce fait, joint à la multiplicité des noyaux dans les grains de pollen du *V. medium*, me conduit à admettre qu'un tube pollinique est susceptible de fournir plusieurs noyaux générateurs. Toutefois, cette manière de voir n'est qu'une simple hypothèse.

L'introduction de deux tubes polliniques dans le même canal micropylaire observée par certains auteurs peut faire accorder une origine multiple aux noyaux générateurs. Mais dans les cas où il y a quatre et cinq embryons il faudrait donc que quatre et cinq tubes polliniques aient pénétré dans le même canal. Or, sans m'arrêter à ce que cette introduction dans un canal excessivement étroit et très long offre de difficultés, je dirai que jamais je n'ai pu observer le moindre vestige de ces tubes. Tous les ovules que j'ai examinés après la fécondation ne présentaient qu'un seul tube faisant saillie par l'ouverture du canal micropylaire. La portion de tube ainsi conservée demeure très facilement visible pendant un certain temps.

En présence de ces faits, l'hypothèse émise ci-dessus me paraît très vraisemblable.

La multiplicité des noyaux sexuels existerait donc parallèlement dans l'organe mâle et dans l'organe femelle, et le grain de pollen deviendrait comparable à une anthéridie formant plusieurs anthérozoïdes. Le Dompte-venin nous fournirait ainsi un élément précieux de comparaison avec les Cryptogames vasculaires.

L'œuf se cloisonne d'abord dans une direction perpendiculaire à son allongement qui correspond à l'axe du sac embryonnaire. La cellule inférieure donne l'embryon proprement dit, l'autre ne donne que le suspen

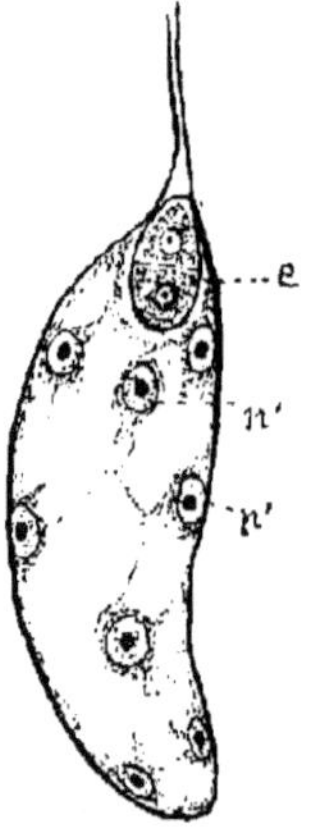

Fig. 59. — Sac embryonnaire. *e*, embryon unique formé de deux cellules dont la supérieure doit former le suspenseur; *n'*, noyau de l'albumen.

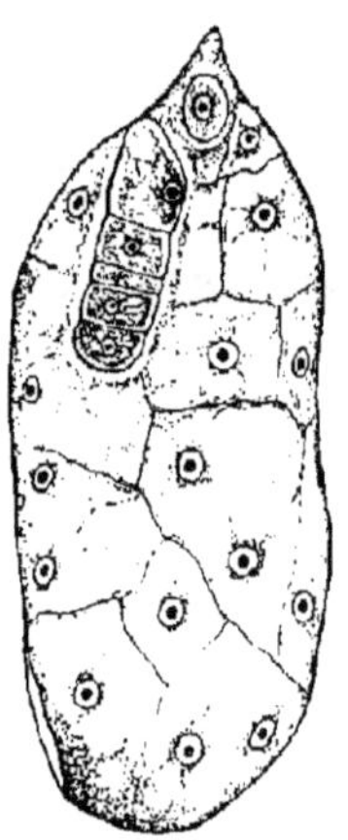

Fig. 60. — Sac embryonnaire montrant un embryon formé de cinq cellules, et un œuf non encore cloisonné.

seur. Pour cela, cette dernière se cloisonne de nouveau dans la même direction, et, ce phénomène se répétant plusieurs fois de suite, on a bientôt quatre cellules sensible ment rectangulaires, disposées en file, et une cellule infé

rieure à peu près hémisphérique. A ce moment, cette cellule

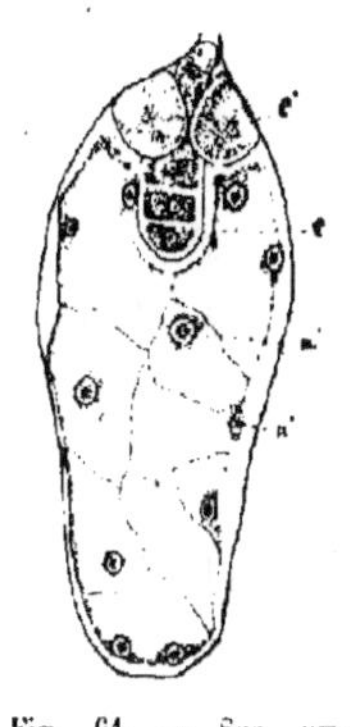

Fig. 61. — Sac embryonnaire du *V. medium* présentant trois embryons. *e*, embryon ; *e'*, *e'*, embryons formés de deux cellules seulement ; *n'*, noyau de l'albumen.

se cloisonne par quatre cloisons radiales qui se coupent à angle droit au milieu de son sommet. Chacune des cellules ainsi formées grandit en épaississant sa région périphérique, et se cloisonne ensuite parallèlement à sa base d'insertion sur le suspenseur. Les cellules rectangulaires qui en dérivent se divisent à leur tour par des cloisons longitudinales en même temps que les cellules terminales en forme de tétraèdres à base curviligne grandis-

sent et se divisent de nouveau comme précédemment. On a ainsi une petite masse cellulaire sphérique qui plonge au milieu de l'albumen, car le suspenseur continuant de son côté à diviser ses cellules s'est allongé et a poussé vers le centre du sac la masse embryonnaire qui le termine (fig. 62).

Le fuseau nucléaire de l'œuf, de même que les fuseaux qui en

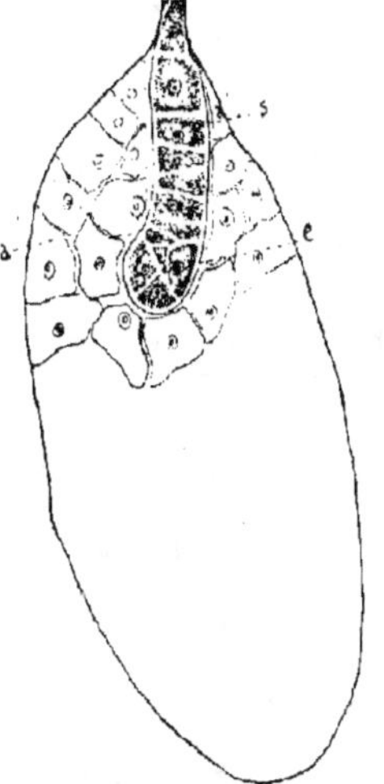

Fig. 62. — Sac embryonnaire. *s*, suspenseur ; *e*, embryon ; *a*, albumen.

dérivent présentent un nombre de segments chroma-

7

tiques correspondant à celui des cellules somatiques, le nombre des segments de l'oosphère ayant été doublé par l'apport des segments du noyau mâle.

Quand le suspenseur a acquis une certaine longueur, ses cellules les plus rapprochées de l'embryon se cloisonnent longitudinalement, il en résulte un léger épaissisement (s, fig. 64) qui donne à cet organe une forme conique. Mais sa croissance est de peu de durée, et lors de son développement maximum il offre douze cellules dans sa longueur. A partir de ce moment il entre en voie de régression et s'atrophie peu à peu.

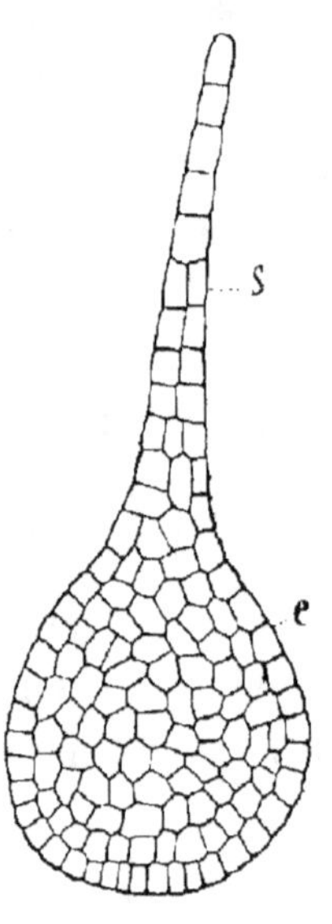

Fig. 63. — a, sac embryonnaire ; e, embryon avec son suspenseur.

Fig. 64. — Cette figure représente à un fort grossissement l'embryon (e) de la figure 63, avec son suspenseur (s).

L'embryon a une forme sphérique qu'il conserve pendant longtemps atteignant un volume assez considérable sans présenter aucune trace d'allongement (e, fig. 64). Sur sa face opposée au suspenseur on voit bientôt apparaître deux bourrelets qui sont la première indication des cotylédons. Ces bourrelets s'allongent très rapidement, et grâce à leur développement l'embryon prend un aspect allongé qui ne fait que s'exagérer.

La première différenciation qui se manifeste dans le tissu encore homogène de cet embryon est celle de l'appareil laticifère qui se montre au début sous forme de cellules isolées situées suivant un cercle placé un peu au-dessous de l'insertion des bourrelets cotylédonaires, ainsi que nous l'avons décrit ailleurs [1]. Les autres éléments se différencient ensuite plus ou moins tardivement. Enfin l'embryon acquiert sa taille définitive à l'intérieur de l'ovule qui est devenu une graine mûre.

Il convient de signaler une particularité que nous avons déjà indiquée [2] et qui trouble profondément la symétrie primitive de cet embryon.

Au début celui-ci est disposé de telle sorte que le plan de ses cotylédons coïncide avec le plan de symétrie de l'ovule. Or, à mesure que ces cotylédons s'allongent, ils subissent un mouvement de torsion autour de l'axe embryonnaire, mouvement qui a pour effet d'amener le plan de leur région en voie de croissance à 45° de sa position primitive. Comme dans cette nouvelle situation le plan des cotylédons concorde avec la plus grande largeur du sac embryonnaire, ces organes peuvent s'étaler à leur aise ;

[1] *Recherches embryogéniques sur l'appareil laticifère des Euphorbiacées, Urticacées, Apocynées et Asclépiadées.* Ann. sc. nat., 1891, 7e série, t. XIV.
[2] *Sur l'absence de plan de symétrie dans l'embryon des Dompte-venin.* Bull. Soc. philom., 3e série, t. III, n° 2, p. 83.

aussi, tandis qu'ils étaient restés étroits depuis leur origine, ils s'élargissent à partir du moment où ce mouvement de torsion est accompli. Ils continuent d'ailleurs de s'accroître en conservant désormais cette dernière orientation.

Si l'on examine superficiellement cet embryon après son complet développement, on ne distingue pas la torsion de ses cotylédons, car la portion tor-due, étroite et cylindrique, paraît être la partie supérieure de la ti-gelle, les cotylédons étant étroite-ment accolés l'un à l'autre dans cette région. Mais en faisant des coupes transversales successives on s'aperçoit aisément de cette torsion qui se manifeste aussi sur les coupes longitudinales (e, fig. 69 et 71).

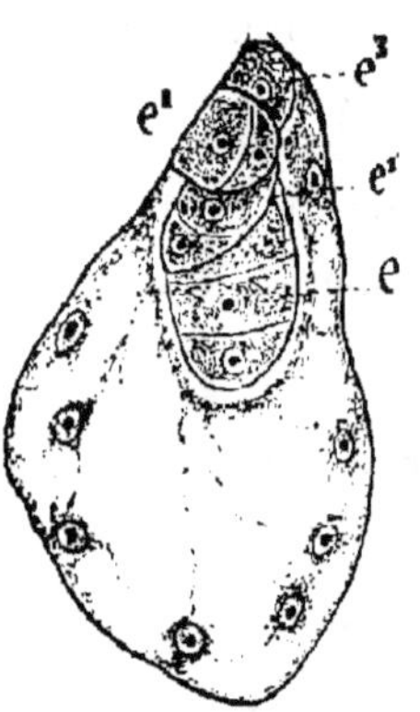

Fig. 65. — Sac embryonnaire du *V. medium*. *e*, *e¹*. *e²*, embryons à divers états de développement ; *e³*, embryon non encore cloisonné.

Quand il y a deux ou plusieurs embryons la marche du développement est la même que celle que nous venons d'indiquer précédemment. Toutefois il s'introduit des modifications de taille et de forme qui sont d'autant plus grandes que les embryons sont plus nombreux. Ils peuvent se développer côte à côte, et avoir alors une taille presque égale, ce qui est un cas fréquent quand ils ne sont que deux.

D'autres fois, leurs cotylédons au lieu de rester plans s'induppliquent entre eux. Enfin il peut arriver qu'ils soient emboîtés l'un dans l'autre, les cotylédons de l'embryon supérieur enveloppant entre eux l'embryon situé immédiatement au dessous. Dans ces derniers cas, c'est l'embryon supérieur qui atteint le plus. grand développement. Digérant l'albumen par toute sa surface externe qui est en contact avec lui, il accapare pour lui seul la plus grande quantité des matières nutritives que lui fournit le sac embryonnaire, tandis que les autres ne se trouvant au contact de l'albumen que par des portions restreintes de leur surface reçoivent moins de nourriture, et sont impuissants à vaincre la résistance qu'oppose à leur développement l'embryon supérieur qui les englobe.

Il est intéressant d'insister sur ce fait, car il nous montre que l'embryon issu de l'oosphère n'est pas fatalement supérieur aux autres au point de vue de sa résistance organique. C'est en effet celui qui se développe le dernier, qui est placé à la partie supérieure du sac et qui dans ces cas acquérant la prédomiannce de taille peut même parfois arriver seul à son développement complet en atrophiant tous les autres. C'est là une preuve convaincante que l'oosphère n'a point une qualité sexuelle supérieure à celle des synergides. Si l'on voit généralement l'embryon qu'elle produit prendre une taille plus grande et atrophier les autres plus ou moins, cela est le résultat d'une avance dans son développement initial en rapport avec sa situation plus voisine du centre. Mais, si des causes viennent favoriser la nutrition des embryons placés au-dessus de celui-ci, la même prédominance s'établit en faveur de ces derniers. J'ai pu constater ainsi plusieurs fois que l'embryon le plus développé à la maturité, et parfois le seul susceptible de germer, provenait de l'œuf placé à l'intérieur du canal micropylaire et issu de la division des synergides, c'est-à-dire d'une cellule sexuelle appartenant certainement à la quatrième génération.

DE LA GRAINE

Lors de la fécondation, l'ovule présente une forme ovoïde à grosse extrémité située en haut; il est fixé au placenta par un funicule cylindrique assez court qui s'insère au-dessus du milieu de sa hauteur. Le tissu qui entoure le sac embryonnaire est homogène dans toute son étendue, et est recouvert par un épiderme qui ne présente encore aucune différenciation. Cet épiderme ne tarde pas toutefois à subir des modifications dans sa portion qui correspond à la face supérieure de l'ovule. Peu

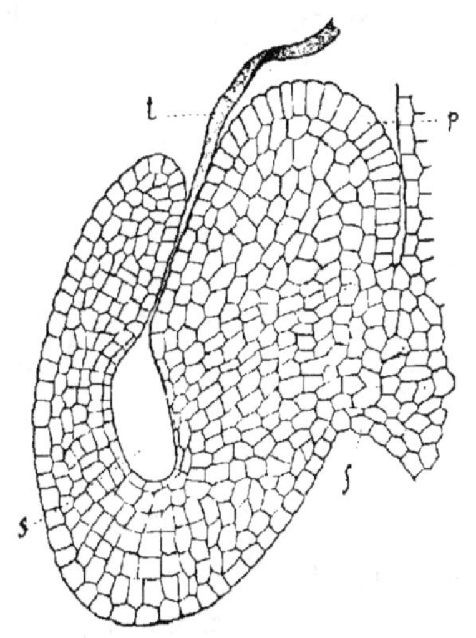

Fig. 66. — Coupe longitudinale de la graine peu après la fécondation. *t*, tube pollinique demeuré en place. *f*, funicule; *p*, cellules épidermiques qui s'allongent en poils.

aprèsla fécondation, ses cellules s'allongent perpendiculairement à la surface (*p*, fig. 66), et se développent en poils. Ces poils atteignent une longueur très grande, leur noyau grossit beaucoup. Ces cellules, qui se différencient ainsi, couvrent la surface de l'ovule s'étendant de l'ouverture du canal micropylaire au funicule, celles qui sont situées au milieu de cette surface acquièrent une longueur plus grande que celle des cellules situées près de ses bords ; aussi leur

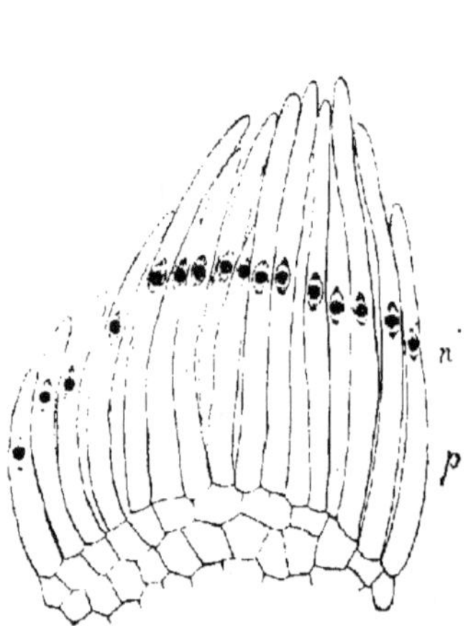
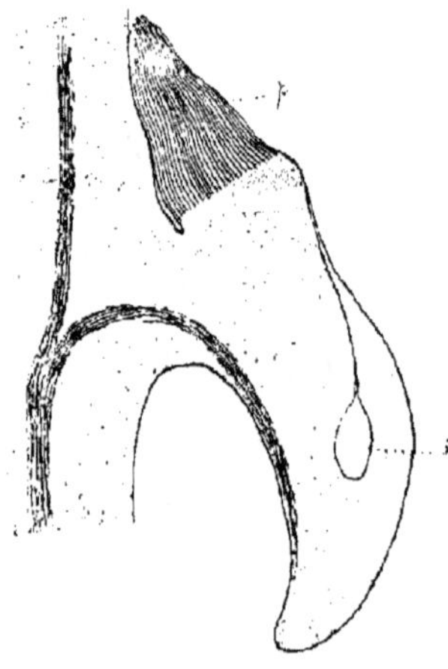

Fig. 67. — Coupe longitudinale de la portion supérieure d'une graine en voie de développement. *p*, poils ; *n*, noyau.

Fig. 68. — Coupe longitudinale de la graine au début de sa formation. *p*, poils ; *s*, sac embryonnaire surmonté du canal micropylaire. On voit le faisceau que la graine reçoit du placenta sur lequel elle s'insère.

ensemble offre-t-il l'aspect d'un pinceau plus ou moins conique (fig. 67). Le noyau de ces cellules se divise plus tard, de sorte que chaque poil contient deux noyaux. Ces deux noyaux sont gros comme le premier, et se colorent fortement par les réactifs. Quand la longueur de ces poils est devenue égale à celle de l'ovule, elle ne subit plus qu'un accroissement correspondant à l'allongement de ce dernier.

L'albumen de son côté en multipliant ses noyaux et en se cloisonnant arrive à former un tissu lâche qui entoure l'embryon. Le sac embryonnaire grandit beaucoup après la fécondation, aux dépens du tissu ovulaire qui l'entoure. Les cellules de ce dernier tissu digérées, se vident peu à peu, leurs membranes se plissent, se ramollissent et disparaissent à leur tour.

Plus tard, le cloisonnement de l'albumen se poursuivant, il arrive à former un tissu dense tout à fait comparable au tissu ovulaire qui l'entoure. En outre les cellules se différencient à sa périphérie pour former une assise particulière. Cette assise directement en contact avec le tissu ovulaire est formée de cellules cubiques plus petites que les autres à protoplasma granuleux, se colorant plus énergiquement que ces dernières, et qui ont désormais pour fonction de digérer le tissu qui les entoure. Quand cette assise digestive est constituée, elle représente la paroi du sac embryonnaire qui était formée tout d'abord par la membrane de la cellule mère, puis par l'ensemble des parois des cellules de l'albumen. Ce qui était primitivement un véri-

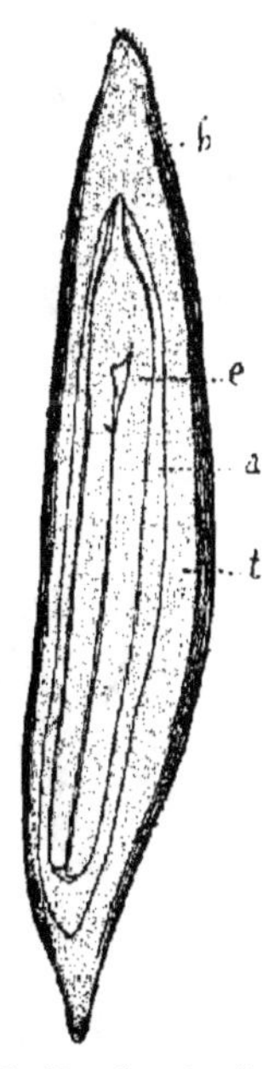

Fig. 69. — Coupe longitudinale de la graine en voie de développement. *e*, embryon ; *a*, albumen ; *t*, tissu de l'ovule ; *h*, hile.

table sac est donc maintenant un tissu compact limité par une assise spéciale (*a*, fig. 70).

En même temps que l'albumen est digéré par l'embryon dans sa partie centrale, il s'accroît vers sa périphérie par digestion du tissu ovulaire. Ce dernier, qui fait seul les frais de l'accroissement des deux précédents, se développe beaucoup, mais la seule modification qu'il présente est due

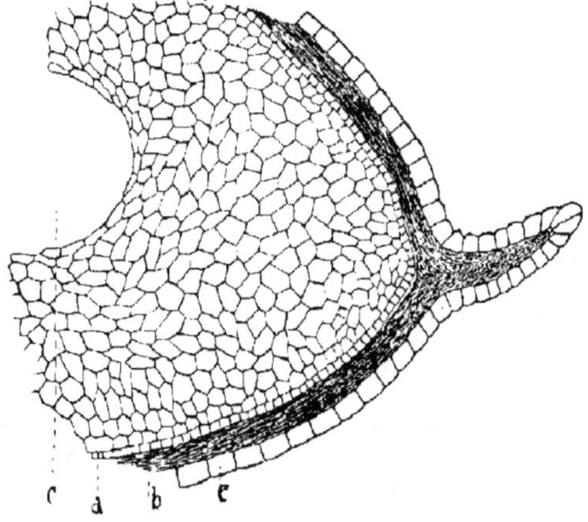

Fig. 70. — Coupe transversale d'une portion de graine arrivée à la maturité, *c*, cavité logeant l'embryon; *a*, assise digestive de l'albumen ; *b*, couche brune formée par l'accumulation des cellules vides et comprimées : *e*, épiderme.

à la différenciation d'un faisceau libéro-ligneux qui, partant du placenta, traverse le funicule et longe le milieu de la face interne de l'ovule dans la plus grande partie de sa longueur. Mais plus tard la croissance de l'ovule s'arrête, son épiderme épaissit sa cuticule, l'albumen continue à s'accroître par sa surface aux dépens du tissu ovulaire ;

ce dernier diminue donc d'épaisseur, et l'albumen se rapproche de l'épiderme. Toutefois, comme les assises sous-épidermiques commencent à lignifier leurs membranes, la digestion de ces dernières devient de plus en plus difficile, et bientôt ces membranes résistent entièrement à la digestion. Le contenu des cellules est seul absorbé. Ces cellules ainsi vidées et pressées par l'albumen qui s'accroît sans cesse s'aplatissent peu à peu et forment bientôt une couche qui sépare l'albumen de l'épiderme. Par suite de la pression et des modifications chimiques qu'elle subit, cette couche se transforme en un revêtement peu épais, mais très résistant et de couleur jaune brun. Ce revêtement est renforcé par l'épiderme qui prend une coloration encore plus foncée. A partir du moment où l'albumen est limité par ce revêtement, il ne peut plus s'accroître. L'embryon continue

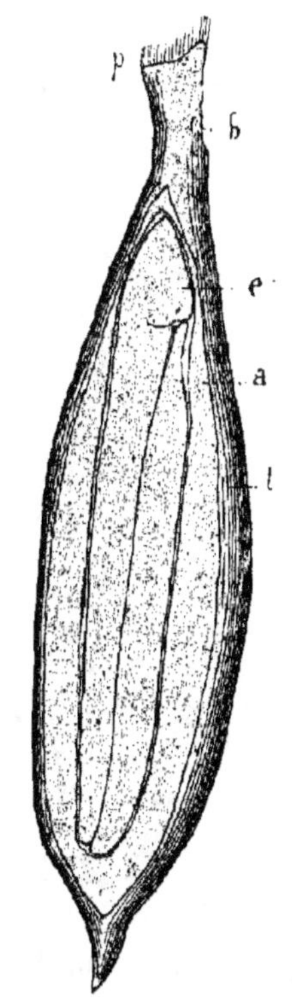

Fig. 71. — Coupe longitudinale de la graine. *e*, embryon ; *a*, albumen ; *t*, tissu ovulaire ; *h*, hile ; *p*, poils.

encore quelque temps sa croissance aux dépens de l'albumen dont l'épaisseur diminue beaucoup. Enfin l'embryon lui-même s'arrête ; la graine est arrivée à maturité. Cette graine mûre se compose donc d'un ou de plusieurs embryons et d'une mince couche d'albumen, entourés par le tissu ovulaire réduit à une couche membraneuse très dure revêtue par l'épiderme (fig. 71).

Pendant ce développement de l'ovule en graine, la forme s'est beaucoup modifiée, l'ovule était à peu près régulièrement ovoïde ; en se développant il prend une forme

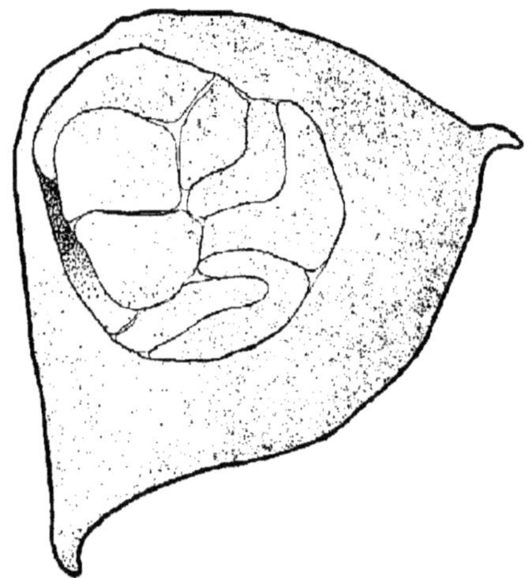

Fig. 72. — Coupe transversale passant par le milieu d'une graine renfermant cinq embryons. On n'a pas distingué l'albumen et le tissu ovulaire. La forme générale de la graine est très renflée.

aplatie ainsi que le montrent les coupes transversales. Cet aplatissement va en s'exagérant, et la graine mûre appliquée contre le placenta présente des parties latérales très amincies, de coloration plus foncée que le reste qui est d'un brun rougeâtre. La forme de la graine peut cependant être plus ou moins arrondie ; en effet, quand elle contient plusieurs embryons, elle est renflée et parfois irrégulièrement bosselée (fig. 72). Les poils qui surmontent la graine et ont à peu près un centimètre de longueur sont formés d'une seule cellule, comme nous l'avons dit, mais présentent deux noyaux. Ces poils prennent des caractères particuliers en même temps qu'ils acquièrent des propriétés textiles.

Le funicule s'atrophie de bonne heure et à la maturité la graine n'est maintenue en place que par l'imbrication des graines voisines et par ses poils qui forment avec ceux de ses voisines un faisceau unique.

DU FRUIT

L'ovaire est formé par la portion inférieure du pistil, il est double comme nous le savons, chaque carpelle formant un ovaire distinct. Quand ces deux carpelles persistent, chacun d'eux se comporte de la manière suivante.

Après la fécondation l'ovaire grandit beaucoup, il s'allonge surtout de façon à donner au fruit, qui en dérive, la forme d'un cône allongé. Mais dans son développement ultérieur il ne présente pas de modifications bien grandes. Il se fait un accroissement de toutes ses parties.

Le placenta devient une masse d'apparence unique diversement découpée en lobules sur les coupes transversales. La portion qui le relie à la paroi de l'ovaire s'étrangle peu à peu, et bientôt le placenta est libre au moins dans sa région moyenne, au milieu de la cavité du fruit. Sur ce placenta sont appliquées les graines qui se recouvrent les unes les autres régulièrement. A la maturité, la paroi du fruit se rompt suivant une ligne longitudinale correspondant précisément à la fente primitive qui séparait à l'origine les deux portions de la face externe de la feuille carpellaire. La feuille carpellaire se déroule donc laissant à découvert le placenta chargé de ses graines. Dans chaque carpelle le nombre des graines est de vingt-cinq environ. Quand le fruit est complètement ouvert, les faisceaux de poils agglomérés vers le sommet en une masse compacte se dessèchent peu à peu, s'écartent les uns des autres, offrant au vent une prise facile qui amène leur dissémination.

RÉSUMÉ

En laissant de côté ce qui est relatif à la pollinisation, nous voyons que l'étude du Dompte-venin nous a révélé un certain nombre de particularités, qui sont :

1° *Insertion dorsale des ovules,* disposition refusée jusqu'ici aux Angiospermes ;

2° *Absence de tégument ovulaire,* fait déclaré rare par M. Warming ;

3° *Formation du sac embryonnaire par l'accroissement direct d'une cellule sous-épidermique,* mode non signalé encore chez les Dicotylédones ;

4° *Peuralité des noyaux générateurs dans le grain de pollen,* cas exceptionnel chez les Angiospermes.

5° *Production, par fécondation de cellules sexuelles contenues dans le sac embryonnaire, de trois, quatre et cinq embryons pouvant atteindre un développement complet.* Cas inconnu jusqu'alors.

Ce travail a été fait au Laboratoire de Botanique (Organographie et Physiologie) du Muséum d'Histoire naturelle dirigé par M. Ph. Van Tieghem, membre de l'Institut.

TABLE DES MATIÈRES

Tours. — imp. Deslis Frères.